鄂尔多斯盆地东缘石炭纪—二叠纪页岩层系典型沉积特征图集

邱　振　封从军　张　琴　刘　雯　彭思钟　等著

石油工业出版社

内容提要

本书对鄂尔多斯盆地东缘5条石炭系—二叠系典型野外露头剖面及大宁—吉县区块10口取心井进行了观察与描述，通过对露头、岩心和镜下的典型沉积现象进行展示和解释，进一步认识海陆过渡相页岩层系的沉积相序及优质页岩发育特征，从而为广大从事海陆过渡相页岩气研究的地质科研工作者们提供参考和借鉴。

图书在版编目（CIP）数据

鄂尔多斯盆地东缘石炭纪—二叠纪页岩层系典型沉积特征图集 / 邱振等著. —北京：石油工业出版社，2023.3

ISBN 978-7-5183-6070-3

Ⅰ.①鄂… Ⅱ.①邱… Ⅲ.①鄂尔多斯盆地－页岩－沉积特征－图集 Ⅳ.①P618.130.2-64

中国国家版本馆CIP数据核字（2023）第120847号

审图号：GS京（2023）1642号

出版发行：石油工业出版社
（北京安定门外安华里2区1号 100011）
网 址：www.petropub.com
编辑部：（010）64222261 图书营销中心：（010）64523633
经 销：全国新华书店
印 刷：北京中石油彩色印刷有限责任公司

2023年3月第1版 2023年3月第1次印刷
889×1194毫米 开本：1/16 印张：11.75
字数：340千字

定价：150.00元

《鄂尔多斯盆地东缘石炭纪—二叠纪页岩层系典型沉积特征图集》

撰写人员

邱　振　封从军　张　琴　刘　雯

彭思钟　孔维亮　董大忠　王玉满

侯　伟　赵培华　李星涛　李树新

林文姬　李永洲　吴陈君　赵惊涛

高万里　孙萌思　姚兴宗　宋星雷

张家强　蔡光银　曲天泉

PREFACE

前言

我国海陆过渡相页岩层系主要分布在上古生界，据国土资源部2015年的资源评价结果，海陆过渡相页岩气的技术可采资源量可达$5.09\times10^{12}m^3$，勘探开发潜力巨大。近年来，中国石油、中国石化、中国地质调查局等多家单位对海陆过渡相页岩气资源进行了积极探索，已在鄂尔多斯盆地、沁水盆地、四川盆地等区域钻探了页岩气井100余口，在石炭系、二叠系多套页岩层段中获得了工业气流，证实了海陆过渡相页岩气具备良好的勘探开发前景。

鄂尔多斯盆地自古生代以来，经历了以海相沉积为主的陆表海台地、以海陆过渡相沉积为主的滨浅海和以陆相碎屑沉积为主的内陆坳陷湖盆的演化过程。盆地东缘广泛分布了以上石炭统本溪组、下二叠统太原组和下二叠统山西组为代表的海陆过渡相地层，发育多套三角洲平原相、三角洲前缘相、障壁—潟湖相及潮坪相页岩层系。与海相页岩层系相比，海陆过渡相页岩层系常与煤层伴生，有机质丰度高。受潮汐作用影响，发育透镜状层理、波状层理、脉状层理、双向交错层理等典型潮汐层理构造及多种形态的纹层。因此，研究海陆过渡相页岩层系沉积物质组分、沉积构造等沉积特征，探讨其形成过程及沉积模式，对海陆过渡相页岩气高效勘探开发具有重要意义。

本书以鄂尔多斯盆地东缘上石炭统本溪组、下二叠统太原组及下二叠统山西组为目标层系，通过对野外露头剖面与钻井岩心的观察，分析总结了典型沉积构造和镜下纹层等特征，以期加深读者对海陆过渡相页岩层系沉积特征的认识。本书共分为八章：第一章简述了鄂尔多斯盆地东缘上古生界页岩层系概况及典型剖面位置和钻井分布；第二章至第六章展示了保德扒楼沟本溪组—山西组剖面、临县招贤中铝矿区本溪组—太原组剖面、柳林成家庄本溪组—山西组剖面、乡宁台头本溪组—山西组剖面、韩城洰水河本溪组—山西组剖面典型沉积特征；第七章简要介绍了大宁—吉县区块典型取心井本溪组—山西组沉积特征；第八章介绍了本溪组—山西组典型微观特征。

本书由中国石油天然气股份有限公司勘探开发研究院、西北大学、中石油煤层气有限责任公司等单位联合完成，由邱振、封从军、张琴、刘雯、彭思钟等审查定稿。感谢罗平教授对全书的指导和提出的宝贵建议。

由于作者水平有限，难免有疏漏乃至错误之处，恳请各位读者不吝赐教，容后改进。

CONTENTS

目录

第一章 鄂尔多斯盆地东缘上古生界典型页岩层系简述

鄂尔多斯盆地行政区属陕、甘、宁、内蒙古、晋五省（自治区），是中国重要的含油气盆地。盆地呈南北向展布，分布于北纬34°～41° 30′，东经106° 20′～110° 30′之间，东至吕梁山，南至秦岭山脚下，西至贺兰山，北至阴山、大青山，总面积约为$37 \times 10^4 km^2$（长庆油田石油地质志编写组，1992；杨俊杰，2002）。除外围的河套、银川、巴彦浩特、六盘山、渭河等中、新生代断陷盆地外，盆地本部面积约$25 \times 10^4 km^2$，为我国第二大沉积盆地（长庆油田石油地质志编写组，1992；何自新等，2003），也是我国重要的油气等能源产区。自1907年在鄂尔多斯盆地钻探我国大陆第一口油井——延1井以来，盆地油气勘探已历经百余年。2022年，鄂尔多斯盆地油气产量已超$8000 \times 10^4 t$油当量，其中长庆油田达到$6500 \times 10^4 t$油当量（中国新高峰），新增石油探明储量连续12年超过$3 \times 10^8 t$，新增天然气探明储量连续16年超过$2000 \times 10^8 m^3$。

鄂尔多斯盆地位于华北板块中西部，属华北板块的次一级构造单元，是一个整体稳定沉降、坳陷迁移、扭动明显的大型多旋回克拉通盆地，地层累计厚度5～18km（长庆油田地质志编写组，1992；杨俊杰，2002）。在大地构造属性上，盆地处于中国东部稳定区和西部活动带之间的结合部位，是中新生代坳陷叠加在古生代坳陷之上的复合盆地，其现今构造呈现为东翼宽缓、西翼陡窄的不对称矩形盆地（李增学等，2006）。按其现今构造形态，盆地可划分为伊盟隆起、晋西挠褶带、渭北隆起、陕北斜坡、天环坳陷及西缘逆冲带六个一级构造单元（杨华等，2002；付锁堂等，2003）（图1-1）。

自古生代以来，鄂尔多斯盆地经历了以海相沉积为主的陆表海台地、以海陆过渡相为主的滨浅海和以陆相碎屑岩为主的内陆坳陷湖盆的演化过程。早古生代，鄂尔多斯盆地古地貌北高南低，除周缘隆起区，主要沉积了浅海碳酸盐岩和滨海碎屑岩。受加里东运动影响，自中奥陶世遭受长期抬升剥蚀，从而造成鄂尔多斯盆地内晚奥陶世—早石炭世地层的大面积缺失，直至晚石炭世又开始缓慢下沉，再次接受沉积，陆续发育上石炭统、二叠系等上古生界及中、新生界地层。

第一节 鄂尔多斯盆地东缘上古生界页岩层系概况

早古生代，鄂尔多斯盆地古地貌北高南低，除周缘隆起区，主要沉积了浅海碳酸盐岩建造和滨海碎屑岩建造。中奥陶世，盆地内部开始坳陷，逐步形成早古生代构造格局。进入晚奥陶世后，受加里东运动影响，华北大陆板块整体抬升，鄂尔多斯地区隆起接受剥蚀，缺失志留系、泥盆系以及下石炭统。自古生代以来，经历了以海相沉积为主的陆表海台地、以海陆过渡相为主的滨浅海和以陆相碎屑岩为主的内陆坳陷湖盆的古地理演化过程，盆地东缘自下而上发育上石炭统本溪组、下二叠统太原组、山西组多套页岩层系地层。晚石炭世，由于中央古隆起的形成，鄂尔多斯盆地总体上呈现出东西分异的沉积构造背景，在盆地东部主要形成障壁—潟湖和浅海陆棚沉积；早二叠世初期，在盆地东部广泛发育潟湖和浅海陆棚沉积；随后受海西运动影响，华北地台北缘迅速抬升，造成北高南低的格局，海水从盆地东南方向退出，盆地东部总体处于海陆过渡的沉积环境，由北向南依次发育三角洲平原—三角洲前缘—浅湖—潟湖的沉积环境（付锁堂等，2001；

李文厚等，2021）。因此，在鄂尔多斯盆地东缘广泛发育上石炭统本溪组、下二叠统太原组、山西组等多套页岩层系（图 1-2）。

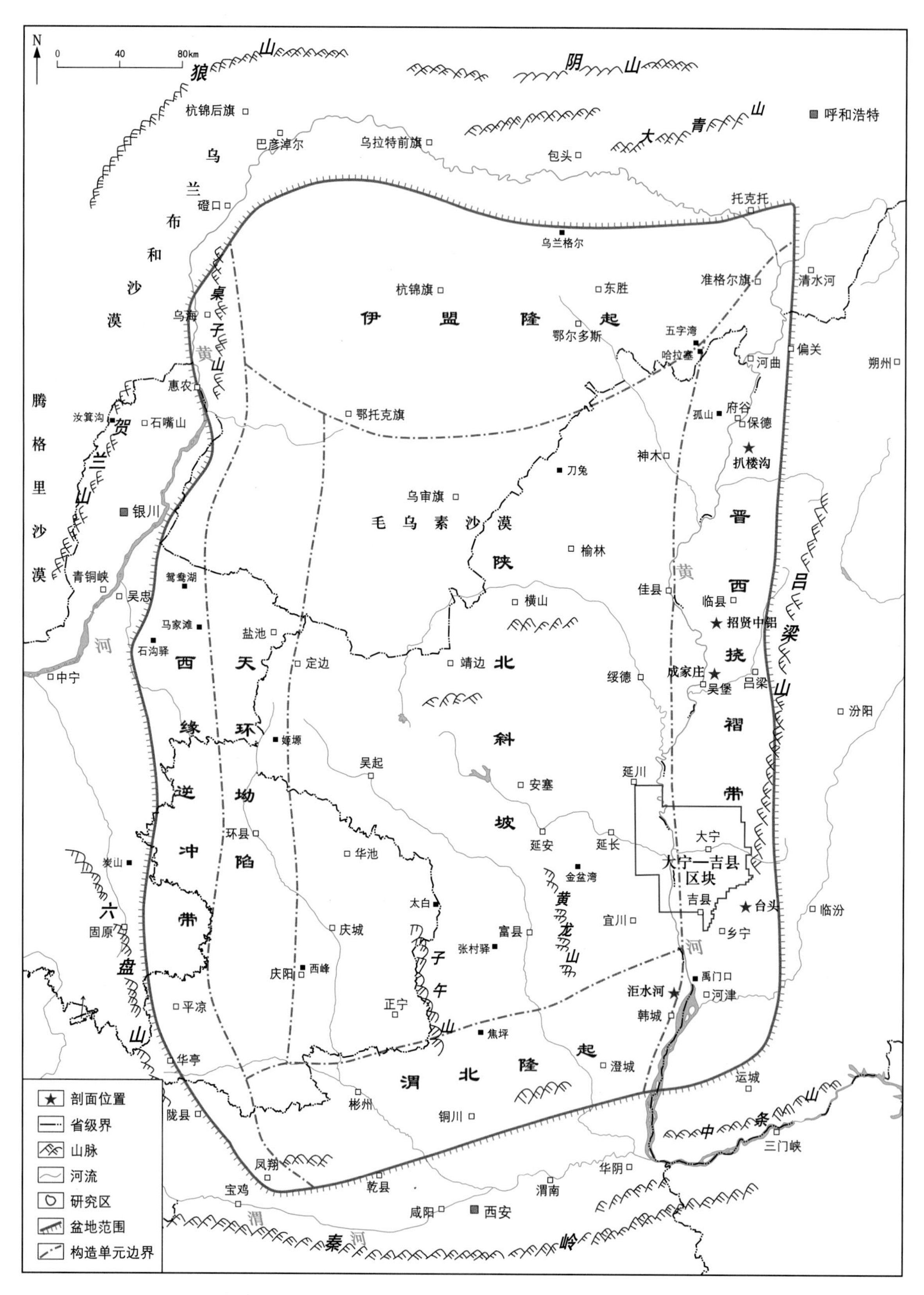

图 1-1　鄂尔多斯盆地构造分区及东缘露头剖面位置图（据付锁堂等，2003，修改）

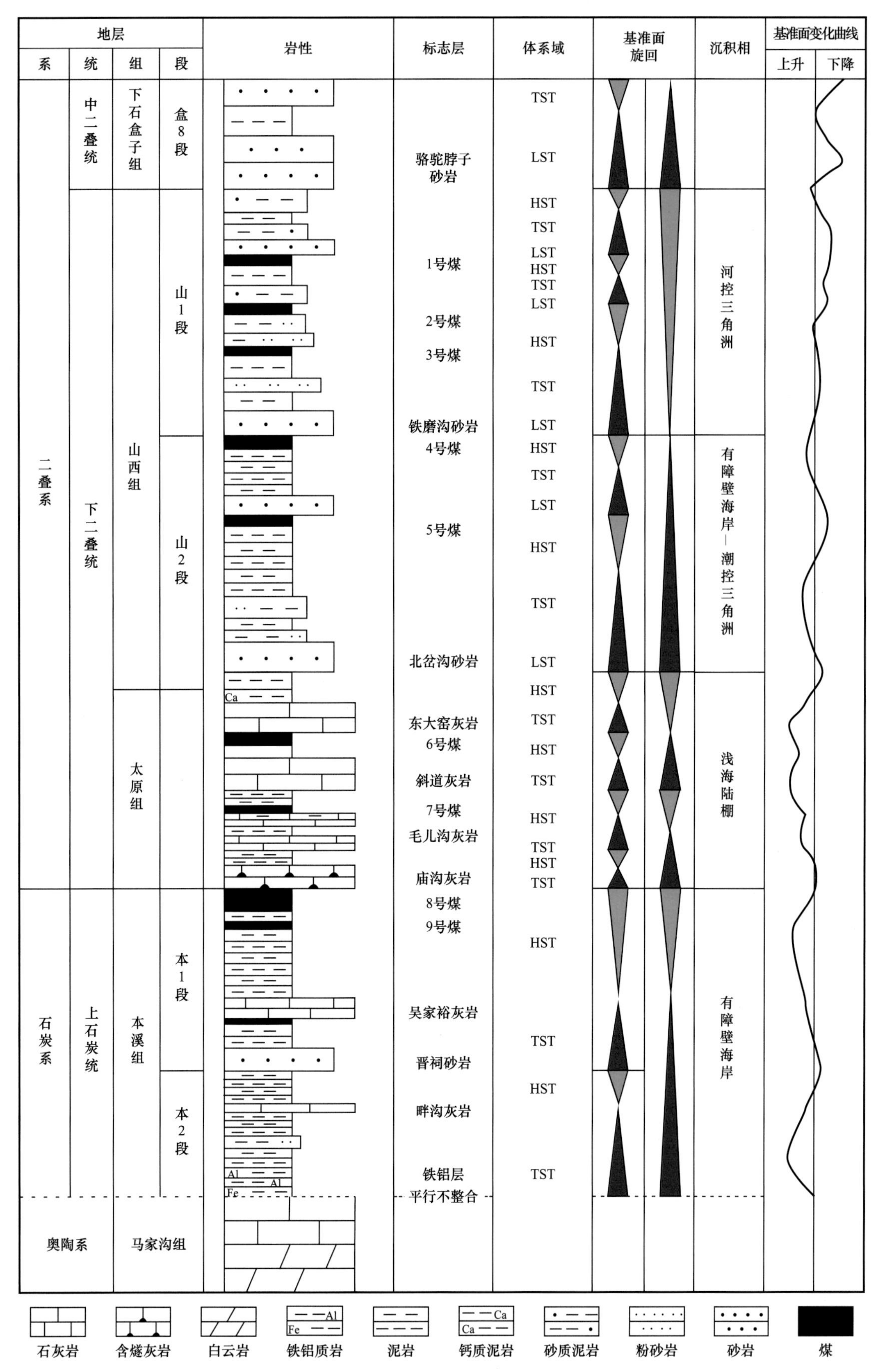

图 1-2 鄂尔多斯盆地东部本溪组—山西组综合柱状图（据李文厚等，2021，修改）

1. 上石炭统本溪组

上石炭统本溪组为一套有障壁海岸沉积体系，与下伏奥陶系马家沟组呈平行不整合接触，可分为两段。本2段底部为一套以黄褐色—紫红色铁质结核透镜体及紫色、杂色铝土质泥岩为主的铁铝岩等风化壳沉积物，是与奥陶系分界的主要标志层，上部为泥岩、碳质泥岩、含菱铁矿泥岩，偶见透镜体砂岩及薄层灰岩；其上本1段的下部发育厚层块状石英砂岩（晋祠砂岩）、含生物碎屑灰岩（畔沟灰岩）及煤层，上部为碳质泥岩和煤层。本1段顶部的8号、9号煤层（下煤组）在区内大面积分布，是与太原组分界的标志层。本溪组由于沉积在沟壑纵横的马家沟组表面，地层厚度变化较大，总的变化趋势为由西向东逐渐增厚。

2. 下二叠统太原组

下二叠统太原组为一套浅海陆棚相碳酸盐与碎屑岩的沉积组合，与下伏上石炭统本溪组呈整合接触。岩性主要为泥晶—粉晶生物碎屑灰岩、含燧石结核灰岩、灰黑—黑色泥页岩、砂质泥岩、煤层，局部有砂岩发育，含大量蜓类、棘皮类、海百合茎、腕足类、介壳类等化石。自下而上依次发育庙沟灰岩、毛儿沟灰岩、斜道灰岩、东大窑灰岩，局部发育6号、7号两套煤层。

3. 下二叠统山西组

随着华北地块整体抬升，在山西组沉积初期，沉积环境逐渐由海相过渡为陆相，与下伏太原组呈整合接触。地层厚度一般在80～150m之间，根据沉积旋回，可以将山西组自下而上划分为山2段和山1段两部分。

山2段底部以北岔沟砂岩为界，之下为太原组。总体为一套黑色泥岩、黑色碳质泥岩、灰黑色粉砂质泥岩夹灰黄色—灰白色砂岩、煤层的岩性组合。

南北沉积环境差异较大，南部仍以过渡相沉积环境为主，主要为潟湖相黑色页岩、潮坪相粉砂质页岩夹砂岩，黑色页岩中既有海相生物碎屑也发育陆相植物碎片，且黄铁矿十分发育。北部以一套灰色、灰白色中—细粒砂岩与深灰色、灰黑色含植物化石泥岩不等厚互层，夹煤层的三角洲前缘相的岩性组合为主。

山1段在鄂尔多斯盆地东缘以三角洲平原—前缘沉积为主，岩性主要为灰白色细—粗粒砂岩、灰色—灰绿色粉砂岩、灰黑色砂质泥岩夹灰黑色含植物化石泥岩、煤层。自下而上发育3—1号煤层。铁磨沟砂岩为山1段和山2段的分界标志层。在东南部乡宁县区域仍发育以含菱铁矿结核的黑色泥页岩与薄细砂岩互层的潮坪—潟湖相岩性组合。

第二节　典型剖面位置及井位图

1. 保德扒楼沟剖面

鄂尔多斯盆地东北部扒楼沟剖面位于忻州市保德县南河沟乡扒楼沟村东部小河沟内。先由府谷县至桥头镇，而后向南沿桥孙线—桥西线行驶20km至扒楼沟村可达（图1-3）。剖面连续性较好，总体由东向西可观察从上石炭统本溪组—下二叠统山西组的所有地层，全长约800m，总厚度约100m。

奥陶系马家沟组为一套灰色厚层泥晶灰岩，与上覆上石炭统本溪组呈不整合接触。本溪组底部为紫红色—黄褐色铁铝质岩，向上为潟湖相黑色泥页岩夹三角洲相砂岩、薄层灰岩和煤线，泥页岩厚度较大，可见大量紫红色的风化赤铁矿侵染和菱铁质结核。太原组沉积相以碎屑岩和碳酸盐岩混积为主，岩性以泥质灰岩、泥晶灰岩和生物碎屑灰岩为主，可见保存完整的生物化石，上部发育潟湖相黑色泥岩，富含紫红色菱铁矿结核。山西组发育以三角洲相为主的含煤碎屑岩系，山 2 段岩性为灰色、灰黑色含砾砂岩、砂岩夹薄层碳质泥岩，山 1 段岩性为浅黄色含砾砂岩、中细砂岩夹粉砂岩、粉砂质泥岩及煤层。

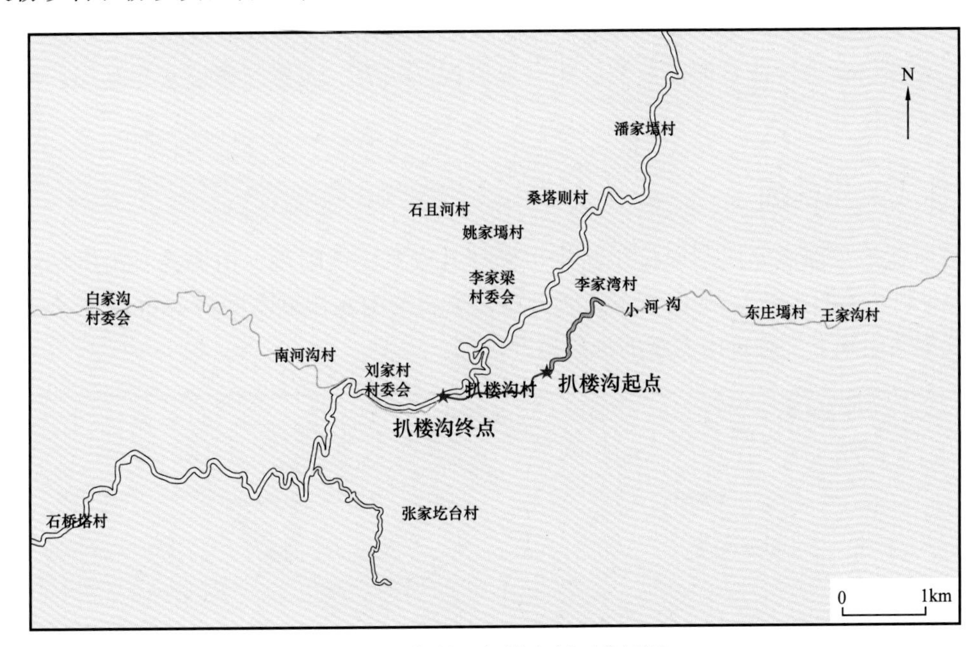

图 1-3　保德县扒楼沟剖面位置图

2. 临县招贤中铝矿区剖面

鄂尔多斯盆地东部的中铝区剖面位于吕梁市临县招贤镇东部招贤沟内，先由临县向南至招贤镇，而后沿招贤沟向东行驶约 1.6km 到达（图 1-4）。剖面由招贤点 1 到招贤点 2，再由招贤点 2 继续向北出露，全长约 600m，总厚度约 70m，总体可观察上石炭统本溪组—下二叠统太原组的所有地层，山西组被覆盖不可见。

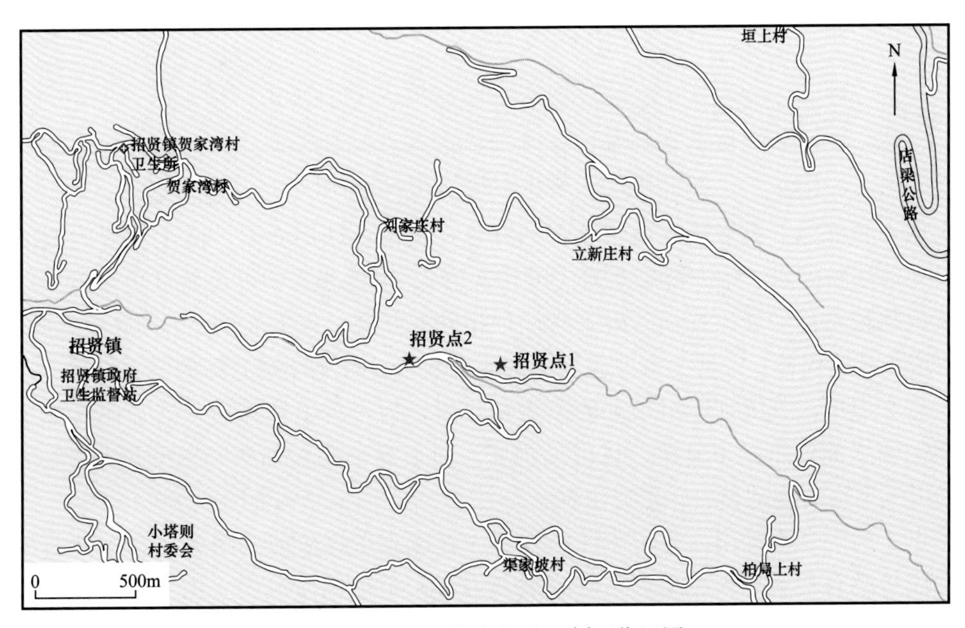

图 1-4　临县招贤中铝矿区剖面位置图

招贤点 1 处奥陶系马家沟组为一套灰色厚层泥晶灰岩，但出露较少，仅个别位置可见，与上覆上石炭统本溪组呈不整合接触。本溪组底部为厚层的紫红色—黄褐色铁铝质岩，也是中铝矿区开采的目的层，向上为本 2 段黑色泥岩夹薄层砂岩。本 2 段顶部为 3～5m 厚的薄层砂岩（晋祠砂岩）。本 1 段整体为潟湖相黑色页岩，富含菱铁矿结核，向上过渡为潮坪相。此处未见本溪组顶部的 8 号、9 号煤层，被 2～3m 厚的黄色平行层理砂岩取代。向上为太原组，太原组此处仍为浅海陆棚相，岩性组合为含燧石泥晶灰岩、中—厚层泥晶灰岩、泥岩与薄层灰岩互层、浅褐红色粗砂岩。

3. 柳林成家庄剖面

鄂尔多斯盆地东部成家庄剖面位于吕梁市柳林县成家庄镇附近，由柳林县沿柳结线省道向北行驶约 15km 到达（图 1-5）。剖面为不连续分布，全长约 1km，总厚度约 140m，可在 4 个观察点对上石炭统本溪组到下二叠统山西组的地层展开观测。

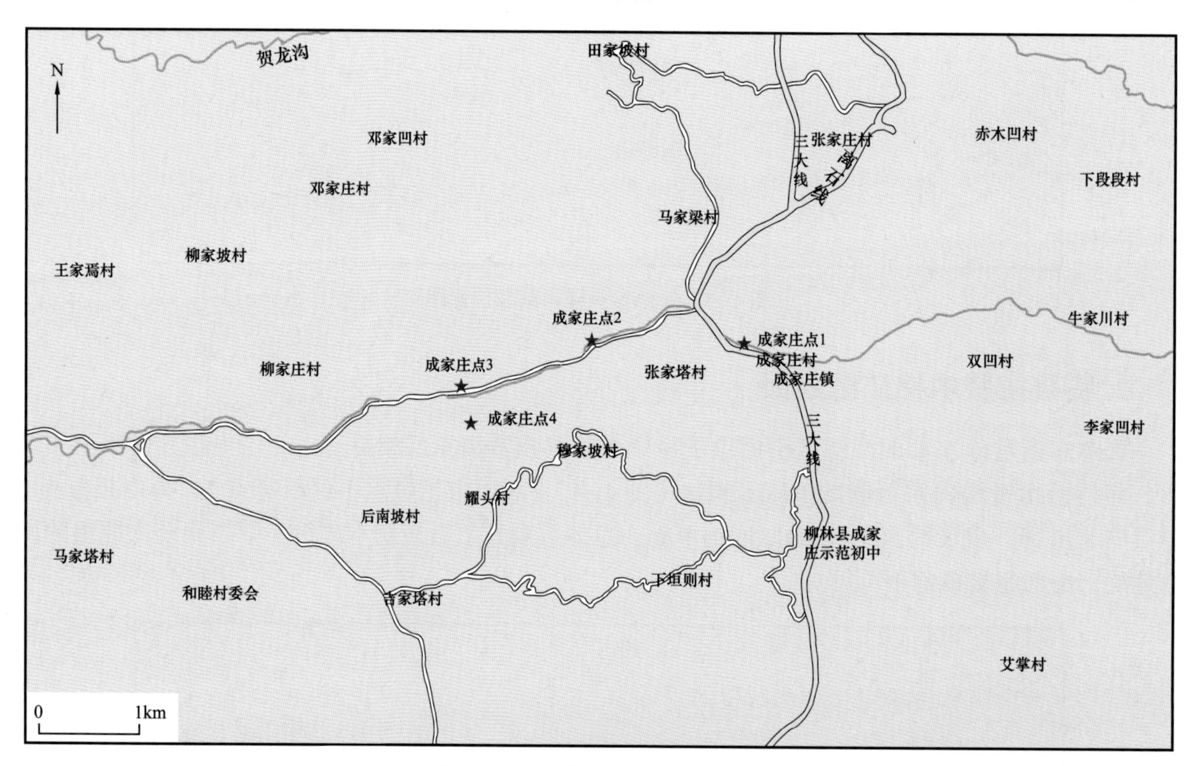

图 1-5　柳林县成家庄剖面位置图

成家庄点 1 底部为上石炭统本溪组底部的红色—黄褐色铁铝质岩。向上主要为潟湖相黑色—灰黑色页岩夹薄层粉砂岩、中—薄层灰岩（畔沟灰岩），黑色泥岩中可见紫红色菱铁质结核。上部为一套灰黄色粗粒石英砂岩（晋祠砂岩）与潮坪相砂泥互层。顶部 8 号、9 号煤层在此处不发育，被巨厚层河道相砂体代替。上部为太原组底部的庙沟灰岩，可见顺层分布的燧石结核。

成家庄点 2 为下二叠统太原组顶部的东大窑灰岩，为一套生物碎屑灰岩，内含腕足类、双壳类化石。该剖面太原组出露不完整，仅可见顶底。向上为一套含钙质 / 白云质结核灰黄色钙质泥岩，其中仍可见丰富的腕足类、介壳类化石。

成家庄点 3 为下二叠统山西组与太原组界线，在成家庄煤矿前公路旁，自东向西可观察到太原组与山 2 段呈整合接触。太原组为生物碎屑灰岩和灰黄色钙质泥岩。山 2 段底部以潟湖相黑色页岩为主，含大量紫红色菱铁矿结核和紫红色含铁质粉砂质薄层，潮坪相黑色页岩夹含铁质砂质条带。向上过渡为三角洲前缘相粗碎屑沉积。

成家庄点 4 可观察山 1 段。山 1 段在此处为三角洲前缘沉积，岩性以砂岩、粉砂岩、粉砂质泥岩为主，发育块状层理、板状交错层理、槽状交错层理、平行层理、硅化木、河道底部滞留泥砾等层理构造特征。

4. 乡宁台头剖面

鄂尔多斯盆地东南部乡宁台头剖面位于临汾市乡宁县台头镇附近（图 1–6），剖面全长约 700m，总厚度约 30m。剖面总体不连续，上石炭统本溪组和下二叠统太原组地层出露厚度较薄，下二叠统山 2 段也仅出露上部，下二叠统山 1 段是主要观测对象。

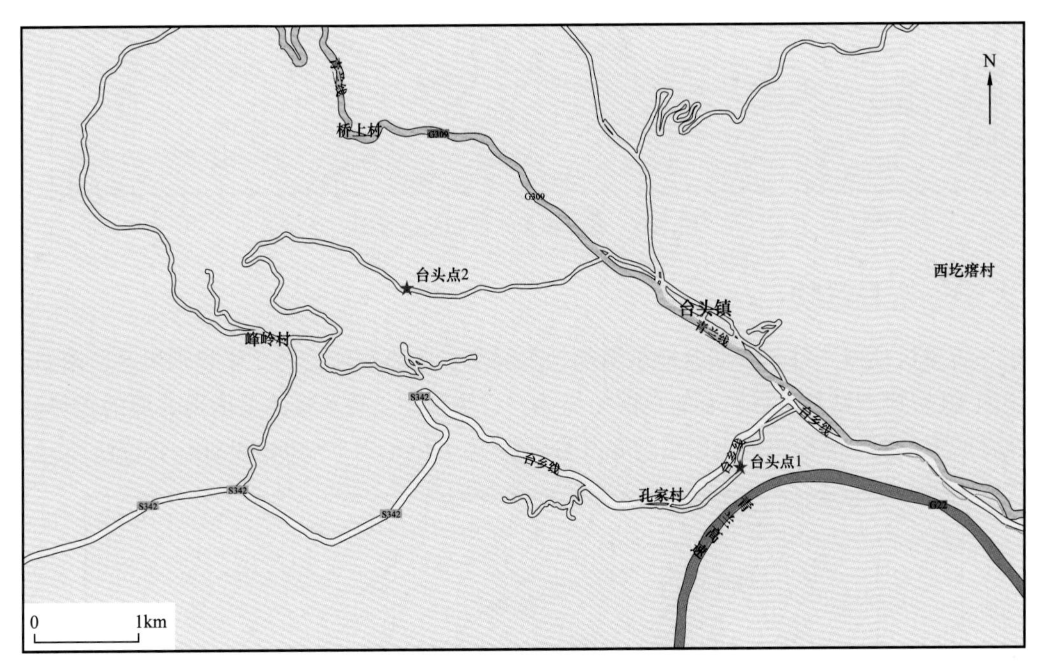

图 1–6　乡宁县台头剖面位置图

台头点 1 为上石炭统本溪组，此处本溪组出露较短，本 2 段出露厚度为 4～5m。本溪组底部是红色—黄褐色铁铝质岩，上部是黑色泥岩和煤层组合。台头点 2 位于台乡线的公路旁，沿着公路向西走可观察二叠统山 1 段。山 1 段在此处为厚层黑色页岩、粉砂质页岩夹砂岩、煤层的岩性组合。不同于其他区域，山 1 段在此处仍为潟湖相，发育厚层含菱铁质结核的黑色页岩，向上过渡为透镜状构造的黑色泥岩与砂质条带互层。该剖面自下而上可见 4 号—1 号共 4 套煤层。

5. 韩城洰水河剖面

鄂尔多斯盆地东南部韩城洰水河剖面位于韩城市西北部附近（图 1–7），为不连续分布，可选择 3 个观察点对上石炭统本 2 段及下二叠统山 1 段展开观测。

洰水河点 1 可见上石炭统本溪组与奥陶系马家沟组的界线，本溪组底部为黄褐色铁铝质岩，向上为一套较粗的灰黄色砾岩、灰黄色粗砂岩夹泥岩，灰黄色粗砂岩发育风暴作用形成的溃坝现象。洰水河点 2 为障壁岛相石英粗砂岩（晋祠砂岩），其中可见代表了潮汐作用的双向交错层理和压扁构造。洰水河点 3 可观察山 1 段，山 1 段底部为厚层黑色页岩与中—厚层砂岩互层，顶部可见大型河道砂体，此处山 1 段为三角洲前缘沉积。

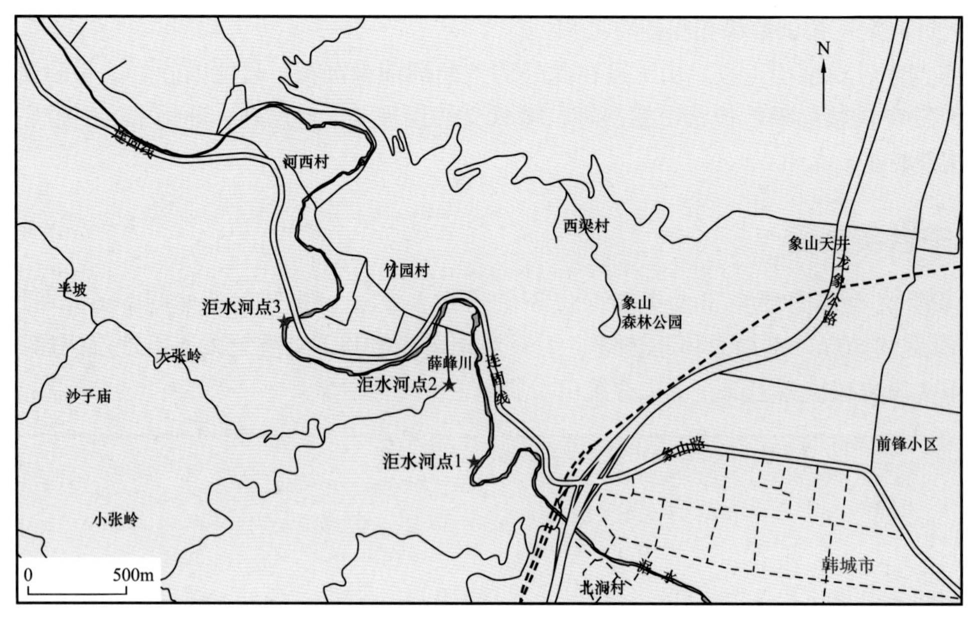

图 1-7 韩城市泹水河剖面位置图

6. 大宁—吉县区块

大宁—吉县区块位于鄂尔多斯盆地东南部，东起蒲县，西至延长县，北起延川县，南至乡宁县。选取区块内 10 口典型钻井进行岩心的观察与描述。石炭系—二叠系整体呈南薄北厚的趋势分布，从下至上发育的本溪组、太原组、山西组的厚度分别为 10～40m、15～50m 和 90～150m。

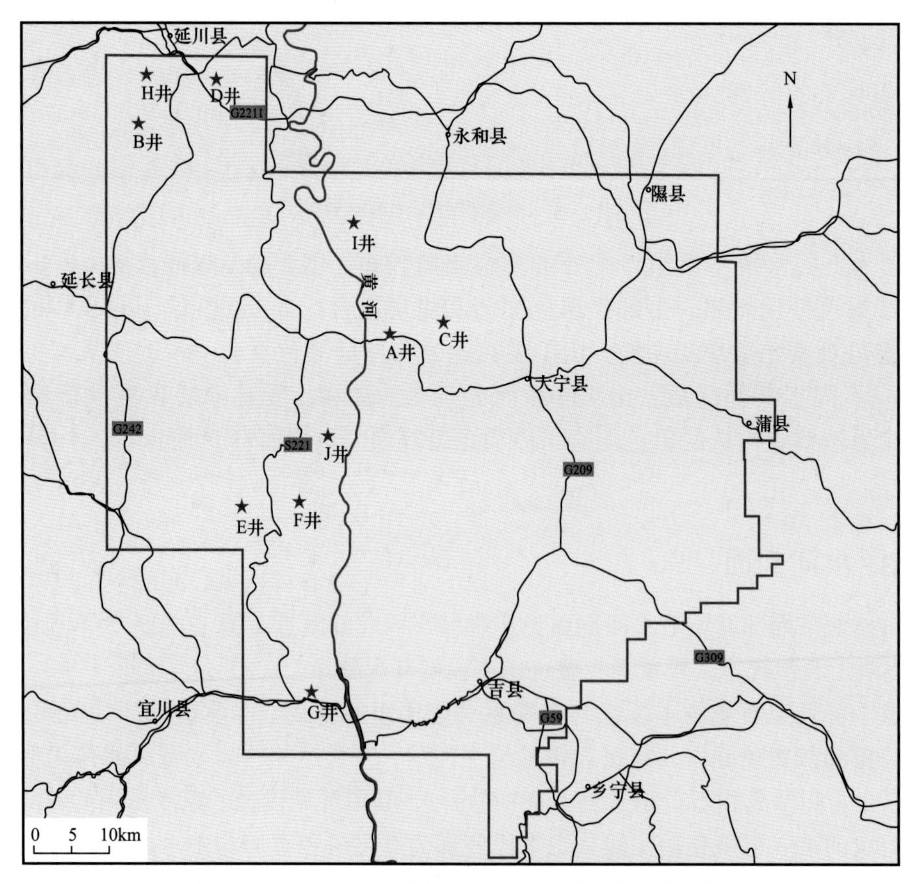

图 1-8 大宁—吉县区块本溪组—山西组井位分布图

本溪组岩性多为铁铝质岩、黑色页岩、黑色碳质页岩、煤层夹浅灰色薄层灰岩、浅灰色砂岩的岩性组合。太原组为多层深灰色生物碎屑灰岩夹灰黑色泥页岩，偶夹浅灰色砂岩的岩性组合。山2段以黑色泥页岩、灰黑色粉砂质页岩夹煤层、砂岩的岩性为主，可见大量代表潮汐作用的透镜状层理、波状层理、压扁层理，反映沉积环境以潮坪—潟湖相为主。山1段以浅灰色—灰白色中—粗粒砂岩夹粉砂岩、灰黑色—灰绿色泥岩为主，局部可见潮汐层理，总体反映受潮汐作用改造的三角洲沉积环境。

第二章 保德扒楼沟本溪组—山西组剖面

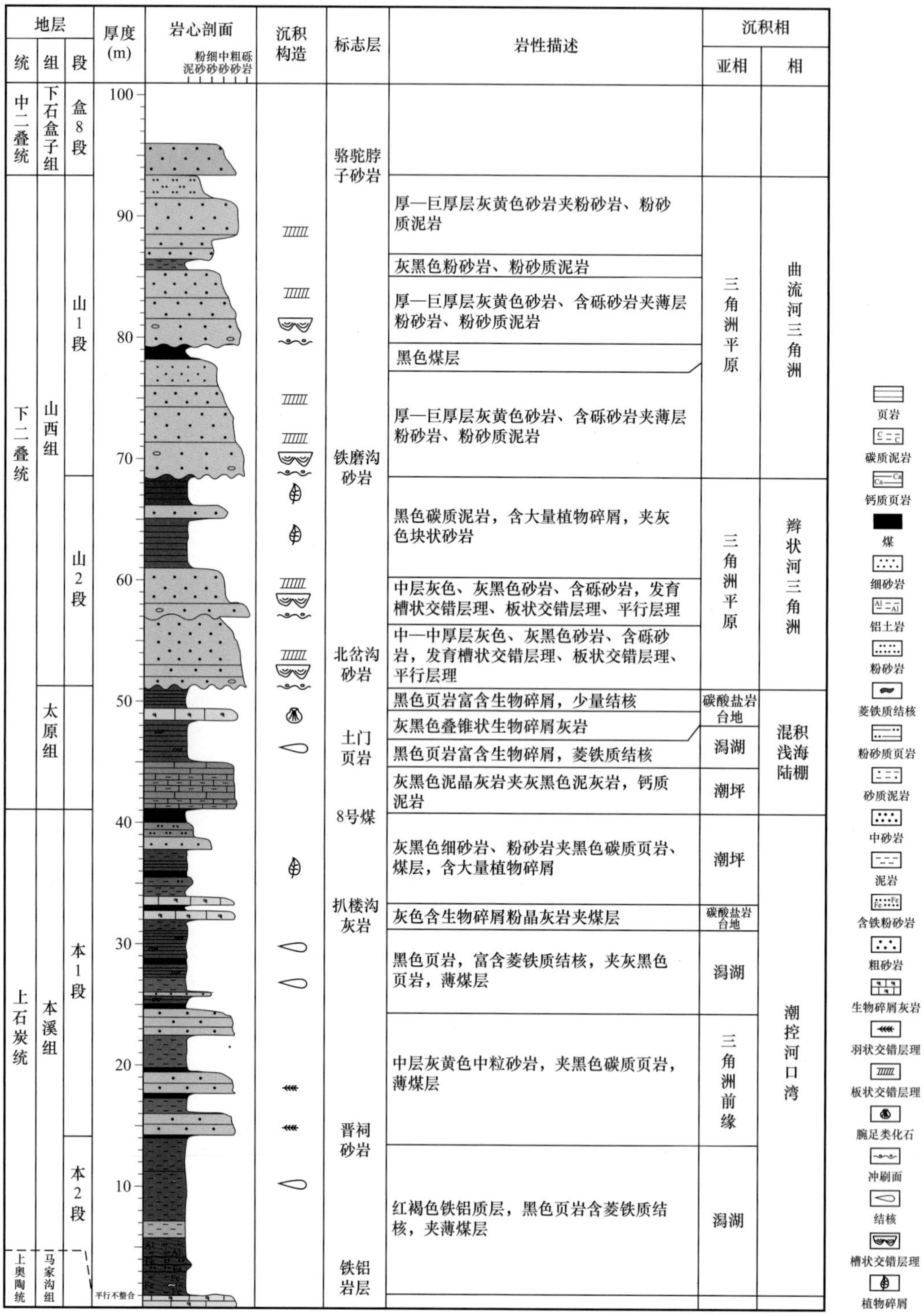

岩性描述	亚相	相
厚—巨厚层灰黄色砂岩夹粉砂岩、粉砂质泥岩	三角洲平原	曲流河三角洲
灰黑色粉砂岩、粉砂质泥岩		
厚—巨厚层灰黄色砂岩、含砾砂岩夹薄层粉砂岩、粉砂质泥岩		
黑色煤层		
厚—巨厚层灰黄色砂岩、含砾砂岩夹薄层粉砂岩、粉砂质泥岩		
黑色碳质泥岩，含大量植物碎屑，夹灰色块状砂岩	三角洲平原	辫状河三角洲
中层灰色、灰黑色砂岩、含砾砂岩，发育槽状交错层理、板状交错层理、平行层理		
中—中厚层灰色、灰黑色砂岩、含砾砂岩，发育槽状交错层理、板状交错层理、平行层理		
黑色页岩富含生物碎屑，少量结核	碳酸盐岩台地	混积浅海陆棚
灰黑色叠锥状生物碎屑灰岩	潟湖	
黑色页岩富含生物碎屑，菱铁质结核		
灰黑色泥晶灰岩夹灰黑色泥灰岩，钙质泥岩	潮坪	
灰黑色细砂岩、粉砂岩夹黑色碳质页岩、煤层，含大量植物碎屑	潮坪	潮控河口湾
灰色含生物碎屑粉晶灰岩夹煤层	碳酸盐岩台地	
黑色页岩，富含菱铁质结核，夹灰黑色页岩，薄煤层	潟湖	
中层灰黄色中粒砂岩，夹黑色碳质页岩，薄煤层	三角洲前缘	
红褐色铁铝质层，黑色页岩含菱铁质结核，夹薄煤层	潟湖	

保德扒楼沟剖面岩性综合柱状图

第一节　保德扒楼沟本溪组沉积特征

扒楼沟剖面起点为奥陶系与石炭系分界面，二者为平行不整合接触，下部为奥陶系马家沟组风化壳，上部为石炭系本溪组底部的铁铝岩层

扒楼沟剖面底部为上石炭统本溪组底部含砾铝土岩，砾石成分为白云岩，砾石大小不一，最大可达 15cm 左右（图中记录本长 20cm）

石炭系本溪组底部鲕状铁铝质风化壳，受奥陶系碳酸盐岩的古岩溶面控制，该岩层发育大量孔隙，在盆内已成为油气良好的储层

上石炭统本 2 段铁质粉砂岩层，由于大量含铁表面呈褐红色—紫红色的氧化色，是当地重要的铁矿富集层

上石炭统本 2 段底部灰黄色铝土岩层，铝土岩层由于含铁呈明显的红褐色，是重要的铝土矿资源开采层位

晋祠砂岩下部的厚层沼泽化潟湖相泥岩，泥岩中可见大量球状—椭球状菱铁质结核，指示了滞留平静的水体环境

上石炭统本 2 段与本 1 段以晋祠砂岩标志层为界线，本 2 段岩性为潟湖相厚层黑色泥岩夹煤层，本 1 段岩性过渡为潮控三角洲相砂岩与泥岩互层

上石炭统本 1 段以三角洲前缘相为主，由厚层砂岩、黑色页岩和薄煤层构成多个沉积旋回

晋祠砂岩底部的厚层潟湖相泥岩，泥岩中可见大量菱铁质结核

上石炭统本1段碳质页岩（下部），形成于潟湖环境

上石炭统本1段潟湖相黑色页岩，其中发育大量球状—椭球状菱铁质结核，菱铁质结核的大量出现说明了水体正处于滞留缺氧的还原环境

上石炭统本 1 段黄色泥岩中，仍可见大量遭受风化作用后的椭球状菱铁质结核

上石炭统本 1 段页岩中发育透镜状、条带状的菱铁质结核

上石炭统本1段黑色页岩与薄煤层的互层表明海平面频繁升降的沉积环境

上石炭统本1段厚层深灰色泥晶灰岩，常称“扒楼沟灰岩”，常含少量泥质，是局部浅海陆棚的沉积产物，代表了一次短期的海侵过程

上石炭统本溪组与下二叠统太原组界线标志层为本 1 段顶部的煤层，厚度为 2m 左右

第二节　保德扒楼沟太原组沉积特征

下二叠统太原组，下部为混积台地相灰黑色泥晶灰岩，上部为泥晶灰岩和泥质灰岩互层

下二叠统太原组底部呈层状分布的泥晶灰岩，常称“保德灰岩”

下二叠统太原组薄层状泥晶灰岩与泥灰岩互层，泥晶灰岩呈透镜状、条带状夹在泥灰岩之中，为潮下带的混积陆棚沉积

下二叠统太原组薄层状灰岩与泥灰岩互层，泥晶灰岩呈透镜状、条带状夹在泥灰岩之中，为混积陆棚沉积

下二叠统太原组与山西组界线，上部为山西组底部北岔沟砂岩，下部为太原组潟湖相黑色泥页岩夹薄层叠锥状灰岩，潟湖相黑色泥页岩中发育大量的褐红色椭球状、透镜状菱铁质结核

下二叠统太原组潟湖相黑色泥岩中发育大量的褐红色椭球状、透镜状菱铁质结核，并可见大量腕足类、介壳类生物化石

下二叠统太原组潟湖相黑色泥岩夹中厚层灰黄色叠锥状灰岩，发育大量的褐红色椭球状、透镜状菱铁质结核，并可见大量腕足类、介壳类生物化石

下二叠统太原组叠锥状灰岩，锥体多垂直于层面分布，多由后生作用阶段的压溶作用形成，叠锥灰岩与黑色泥岩界面可见化石（中性笔帽约 3cm 长）

下二叠统太原组泻湖相黑色泥岩中的腕足类化石 1

下二叠统太原组潟湖相黑色泥岩中的腕足类化石 2

下二叠统太原组潟湖相黑色泥岩中的腹足类化石

第三节　保德扒楼沟山西组沉积特征

下二叠统山 2 段为辫状河道粗碎屑岩，以灰黄色粗砂岩、含砾粗砂岩、碳质泥岩和煤层为主，发育大型槽状交错层理、板状交错层理

下二叠统山 2 段分流河道砂体底部可见滞留砾岩，砾石粒径较小，为 1～2cm，砾岩下部砂岩发育板状交错层理，反映了较强的水动力沉积环境

下二叠统山 2 段分流河道砂岩发育板状交错层理，暗色纹层由炭屑物质富集而显现，反映了河道砂坝前积作用

下二叠统山 2 段分流河道砂岩发育泄水构造，是迅速堆积的松散沉积物内由于孔隙水的泄出而形成的同生变形构造

下二叠统山 2 段分流河道砂岩底部滞留砾岩呈席状分布，砾石粒径较小，为 1～2cm，具定向性，反映了较强的水动力沉积环境

下二叠统山 2 段分流河道相砂岩发育板状交错层理，倾角为 10°～30°，反映了较强的水动力沉积环境

下二叠统山 2 段分流河道砂岩发育平行层理，纹层呈浅肉红色，是由于钾长石含量差异而凸显

下二叠统山 2 段分流河道砂岩发育板状交错层理，为河道沙坝底部前积迁徙形成，界面呈板状相互平行，倾角为 10°～30°，反映了较强的水动力沉积环境

下二叠统山 2 段分流河道发育同沉积变形构造，受沉积物液化和孔隙水泄出的影响，形成包卷层理

下二叠统山 2 段与山 1 段以灰黄色厚层砂岩为界，常称“船窝砂岩”，山 2 段岸后沼泽黑色碳质泥岩中可见大量植物炭屑

下二叠统山1段三角洲平原相大型河道砂体，道间多发育薄层泥炭沼泽煤层

第三章　临县招贤中铝矿区本溪组—太原组剖面

统	组	段	厚度(m)	标志层	岩性描述	亚相	相
下二叠统	太原组		70（未见顶）	东大窑灰岩	深灰色泥晶生物碎屑灰岩	碳酸盐陆棚	浅海陆棚
			60	七里沟砂岩	杂色粗粒砂岩	障壁岛	
				斜道灰岩	黑色中层泥晶生物碎屑灰岩	碳酸盐陆棚	
			50	毛儿沟灰岩	灰色薄层生物碎屑灰岩		
					灰色凝灰质层夹硅质薄层		
				庙沟灰岩	灰色中层微晶含燧石结核生物碎屑灰岩		
上石炭统	本溪组	本1段	40		灰黄色中粒砂岩，发育平行层理	障壁岛	有障壁海岸
			30		浅灰色泥岩，偶夹褐红色砂质条带，偶夹灰色泥质夹层，夹薄煤层	潮坪	
			20		黑色页岩，富含菱铁质结核，夹灰黑色页岩	潟湖	
				晋祠砂岩	灰黄色薄层—中薄层状石英砂岩	障壁岛	
		本2段	10	畔沟灰岩 铁铝岩层	红褐色铁铝质层，黑色页岩含菱铁质结核，夹薄煤层，夹薄层灰岩	潟湖	
上奥陶统	马家沟组		平行不整合				

岩心剖面：泥　粉砂　细砂　中砂　粗砂　砾岩

图例：页岩　细砂岩　中砂岩　粗砂岩　菱铁质结核　平行层理　钙质页岩　粉砂质页岩　泥岩　铝土岩　粉砂岩　结核　碳质泥岩　煤　砂质泥岩　含铁粉砂岩　生物碎屑灰岩　腕足类化石

招贤镇中铝矿区剖面岩性综合柱状图

第一节 临县招贤中铝矿区本溪组沉积特征

中铝矿区内开采面见上石炭统本2段底部黄褐色—紫红色铁铝岩层，此处地层由于褶皱发生弯曲变形

上石炭统本2段底部黄褐色—紫红色铁质风化壳，发育大量密集的孔隙，是区内良好的储层

中铝矿区内开采面见上石炭统本2段底部—紫红色铁铝岩层，由于该层铁质含量较高，总体呈现出紫红色，底部奥陶系马家沟组未出露

中铝矿区内露头剖面上石炭统本2段底部黄褐色—紫红色铁铝岩层，上部灰白色突出部分为畔沟灰岩，厚度较薄，50～70cm，指示了一次海侵

上石炭统本2段潮坪相灰色—灰黄色中—细粒砂岩与薄层泥岩互层，向上变为潟湖相黑色泥岩

上石炭统本2段潮坪相粉砂岩中可见植物茎干化石，指示了有一定陆源输入

上石炭统本 1 段底部灰黄色薄层状砂岩（晋祠砂岩），为本 2 段与本 1 段界线，发育平行层理

上石炭统本 1 段底部灰黄色薄层韵律状砂岩（晋祠砂岩），上部为潟湖相黑色页岩

上石炭统本1段潟湖相黑色页岩，发育大量菱铁质结核，结核呈球状—椭球状，指示了静水半还原—还原环境

上石炭统本1段潟湖相灰黑色—灰色页岩，菱铁质结核尺寸变大，形态逐渐变为透镜状

上石炭统本 1 段潟湖相黑色页岩，菱铁质结核呈透镜状顺层分布，最大可达 8cm × 35cm

上石炭统本 1 段潟湖相黑色页岩，菱铁质结核呈连续薄层分布，反映了潟湖沼泽化过程中，沉积物中地层水的变化

上石炭统本1段灰色页岩，与黑色页岩相比，反映了水体相对变浅的沉积环境变化

上石炭统本1段灰色页岩中发育薄煤层，反映了潟湖萎缩淤化成沼泽的过程

上石炭统本1段顶部发育一套灰黄色—灰白色中—细粒砂岩，由黄色和灰白色纹层构成平行层理（见下图）；上部与太原组含燧石结核灰岩（庙沟灰岩）呈整合接触

上石炭统本1段顶部发育一套灰黄色中—细粒砂岩，由黄色和灰白色纹层构成平行层理

第二节　临县招贤中铝矿区太原组沉积特征

下二叠统太原组，自下而上共发育庙沟灰岩、毛儿沟灰岩、斜道灰岩与东大窑灰岩

下二叠统太原组，底部为一套灰黄色含燧石结核泥晶灰岩，常称“庙沟灰岩”，中间灰白色部分为凝灰质层夹硅质层

下二叠统太原组“庙沟灰岩”，为一套灰黄色含燧石结核泥晶灰岩，燧石结核呈椭球状或不规则状顺层分布，尺寸为 15cm × 15cm；庙沟灰岩生物碎屑含量较高，常见腕足类化石

下二叠统太原组灰白色部分为钙质泥岩和薄层灰岩互层，下部为凝灰质层夹薄硅质层，向上硅质夹层逐渐变厚，反映了期间存在火山活动

下二叠统太原组灰黄色中薄层粉晶—泥晶灰岩，常称“毛儿沟灰岩”，含大量腕足类、䗴类及棘皮类化石

下二叠统太原组灰黄色中—厚层泥晶—粉晶灰岩，常称“斜道灰岩”，代表高能陆表海环境，斜道灰岩中生物碎屑十分发育

下二叠统太原组生物碎屑灰岩间发育一套灰黄色—紫红色中—粗砂岩，常称“七里沟砂岩”，属于障壁岛砂岩

第四章　柳林成家庄本溪组—山西组剖面

统	组	段	标志层	岩性描述	沉积亚相	沉积相
中二叠统	下石盒子组	盒8段			辫状河道	河流相
			骆驼脖子砂岩	黄色厚层粗砂岩		
下二叠统	山西组	山1段		黑色碳质泥岩，夹煤层，发育植物炭屑	三角洲平原	三角洲
				中层块状灰黄色砂岩		
				黑色碳质泥岩，夹煤层		
				中—中厚层块状灰黄色砂岩		
				黑色碳质泥岩		
			铁磨沟砂岩	中—中厚层灰色、灰黑色砂岩、含砾砂岩，发育槽状交错层理、板状交错层理、平行层理，可见硅化木		
		山2段		黑色碳质泥岩，夹煤层	三角洲前缘	
				中—中厚层块状灰黄色砂岩		
				灰黑色泥岩、粉砂质泥岩		
			北岔沟砂岩	中—中厚层灰黄色砂岩，发育板状交错层理、平行层理，可见硅化木		
				灰黑色薄层粉砂岩与泥岩互层	潮坪	有障壁海岸
				黑色页岩，含大量菱铁质结核	潟湖	
	太原组			灰黄色钙质泥岩，含大量生物碎屑	碳酸盐陆棚	浅海陆棚
			东大窑灰岩	深灰色泥晶生物碎屑灰岩		
				灰黑色碳质页岩		
			斜道灰岩	黑色泥晶生物碎屑灰岩		
				灰黑色碳质页岩		
			毛儿沟灰岩	灰色生物碎屑灰岩		
				黑色泥岩		
			庙沟灰岩	灰色微晶含燧石结核生物碎屑灰岩		
上石炭统	本溪组	本1段		灰黑色碳质泥岩，含植物碎屑	潮坪	有障壁海岸
				灰黄色厚层粗砂岩，发育交错层理	分流河道	
				浅灰色泥岩夹煤线	潮坪	
				灰黑色薄层粉砂岩与泥岩互层		
			晋祠砂岩	灰黄色中厚层砂岩夹灰黑色粉砂质泥岩	障壁岛	
		本2段		黑色泥岩，夹煤线	潟湖	
				灰黄色中层块状砂岩	潮道	
				浅灰色泥岩、灰黑色页岩含菱铁质结核	潟湖	
			畔沟灰岩	灰黑色泥晶生物碎屑灰岩	碳酸盐岩台地	
			铁铝岩层	红褐色铁铝质层，黑色页岩含菱铁质结核	潟湖	
上奥陶统	马家沟组			灰白色含砾灰岩		

厚度(m)：150、140、130、120、110、100、90、80、70、60、50、40、30、20、10；平行不整合

岩心剖面：粉砂岩　细砂岩　中砂岩　粗砂岩　砾岩；泥岩　砂岩

沉积构造

图例：页岩；粉砂质页岩；铝土岩；碳质泥岩；砂质泥岩；粉砂岩；中砂岩；菱铁质结核；钙质页岩；泥岩；煤；含铁粉砂岩；细砂岩；粗砂岩；生物碎屑灰岩；植物碎屑；冲刷面；槽状交错层理；腕足类化石；板状交错层理；结核；羽状交错层理

柳林成家庄剖面岩性综合柱状图

第一节　柳林成家庄本溪组沉积特征

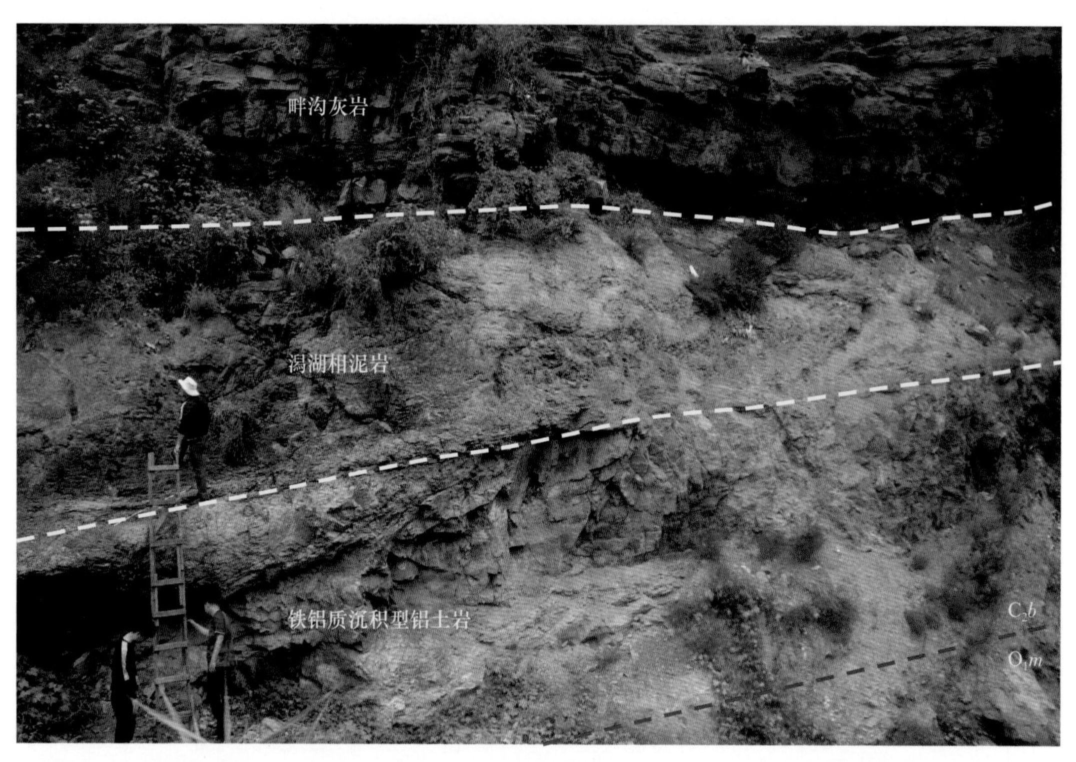

成家庄剖面底部上石炭统本 2 段，底部为灰褐色—黄褐色铁铝质沉积型铝土岩，中部发育潟湖相黑色页岩，上部为灰色中—中厚层粉晶灰岩（畔沟灰岩），与奥陶系马家沟组呈不整合接触

上石炭统本 2 段底部灰褐色—黄褐色铁铝质沉积型铝土岩发育大量孔隙，可作为很好的储层

上石炭统本2段铁铝质沉积型铝土岩上部薄层灰黄色钙质页岩

上石炭统本2段潟湖相黑色页岩，上部钙质泥岩呈袋状侵蚀到下部的黑色页岩中

上石炭统本 2 段薄层灰黄色含泥粉晶灰岩（畔沟灰岩），含䗴类和介形虫等生物碎屑，为混积陆棚沉积，主要分布在盆地中部地区

上石炭统本 2 段，底部为灰黄色泥岩，中部为潟湖相黑色页岩，可见菱铁质结核，顶部为灰黑色中厚层块状障壁岛砂岩

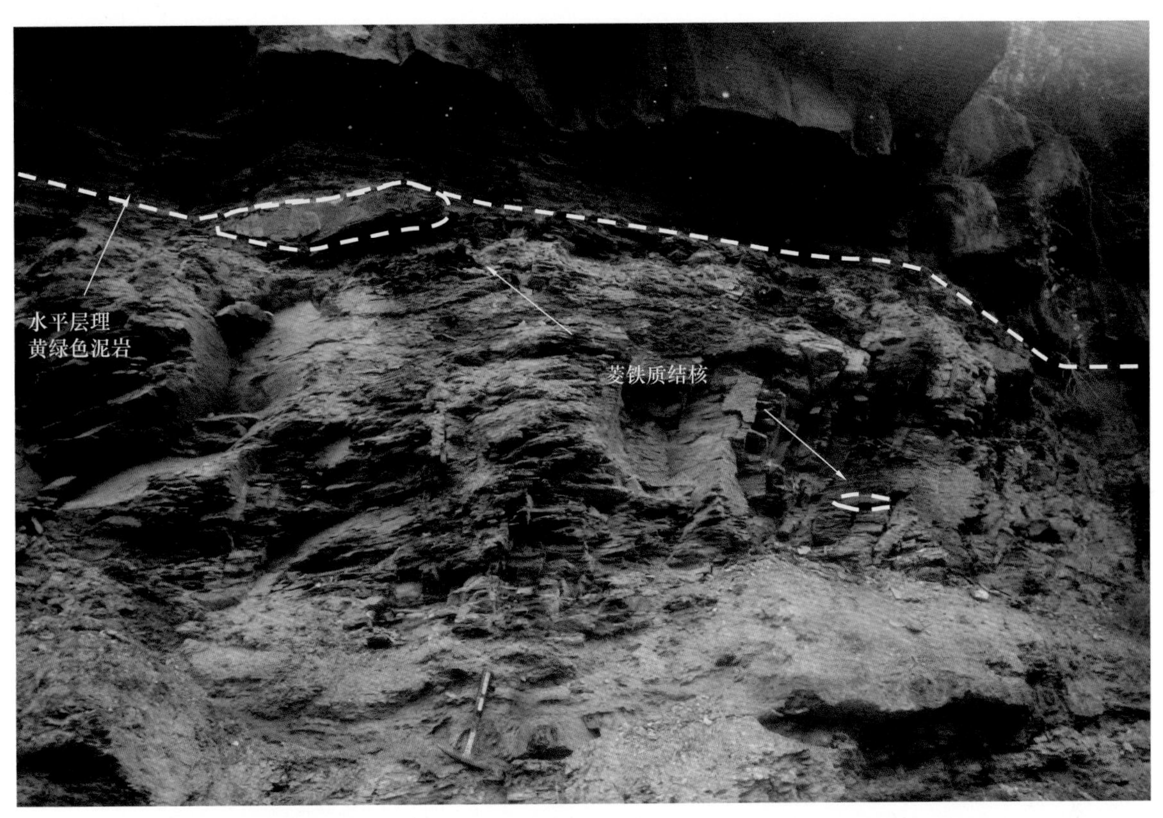

上石炭统本 2 段潟湖相黑色页岩，发育透镜状紫红色菱铁质结核，指示了低能还原的沉积环境

上石炭统本 2 段潟湖相黑色页岩底部为黄绿色泥岩

上石炭统本 2 段潟湖相黑色页岩上部水平层理的黄绿色泥岩

上石炭统本 2 段潟湖相黑色页岩，纹理十分发育，TOC 含量在 2.07%～2.59% 之间，有良好的生气潜力

上石炭统本 2 段潟湖相黑色页岩中透镜状菱铁质结核，长度可达 50cm

上石炭统本 1 段底部灰黄色中层块状粗—中粒砂岩，常称“晋祠砂岩”，也是本 1 段底部的标志层

上石炭统本 1 段底部为晋祠砂岩，岩性为灰黄色中—粗含砾砂岩，从下向上粒度逐渐变细，并且发育板状交错层理、波痕交错层理，为典型的潮道沉积序列

此处应为本溪组顶部的 8 号煤层，但被大型分流河道砂体侵蚀取代

下二叠统太原组底部庙沟灰岩，为灰黑色粉晶生物碎屑灰岩，发育燧石结核，结核顺层分布，大小为 10cm × 12cm

下二叠统太原组与山西组界线，底部河道为太原组东大窑灰岩，灰黄色泥晶生物碎屑灰岩，顶部为山西组北岔沟砂岩，中间夹一套含白云质结核的灰黑色钙质泥岩与潟湖相黑色页岩

河道底部下切至太原组灰黄色泥晶生物碎屑灰岩，常称“东大窑灰岩”，含腕足类、介壳类化石，为浅海陆棚沉积

河道两侧围岩为太原组顶部海相黑色含白云质结核钙质泥岩，白云质结核呈透镜状顺层分布，钙质泥岩内含腕足类、介壳类生物碎屑，与东大窑灰岩岩相一致

成家庄煤矿公路旁下二叠统太原组灰黄色泥晶生物碎屑灰岩，常称“东大窑灰岩”，含腕足类、介壳类化石，为浅海陆棚沉积

下二叠统太原组灰黄色泥晶生物碎屑灰岩，常称“东大窑灰岩”，含腕足类、介壳类化石，为碳酸盐岩台地沉积

下二叠统太原组灰黄色泥晶生物碎屑灰岩，常称“东大窑灰岩”，含大量腕足类、介壳类化石，为碳酸盐岩台地沉积

下二叠统太原组灰黄色泥晶生物碎屑灰岩，常称“东大窑灰岩”，含大量腕足类、介壳类化石

下部为下二叠统太原组灰黄色泥晶生物碎屑灰岩，常称“东大窑灰岩”，上部为灰黄色含白云质结核海相钙质泥岩

下二叠统太原组灰黄色含白云质结核钙质泥岩中发育大量生物碎屑，生屑以腕足类、介形虫、棘皮类和有孔虫等为主

下二叠统太原组灰黄色含白云质结核钙质泥岩中发育大量腕足类、介形虫等生物碎屑

下二叠统太原组顶部灰黑色泥质灰岩中见腕足类化石

下二叠统太原组灰黑色泥质灰岩中见腕足类化石

第三节　柳林成家庄山西组沉积特征

下二叠统山西组与太原组界线（据张雷等，2023）

① 太原组灰黑色泥质灰岩；② 山西组浅灰色粉砂质泥岩；③ 煤层；④ 山西组潟湖相含菱铁质结核黑色页岩；⑤ 山西组潮坪相砂泥互层；⑥ 北岔沟砂岩

下二叠统山 2 段潟湖相黑色页岩，发育椭球形菱铁质结核，指示了静水半还原—还原的水体环境

下二叠统山 2 段潟湖相黑色页岩底部薄煤层

下二叠统山 2 段底部潟湖相黑色页岩，TOC 含量为 2.01%～4.46%，R_o 为 0.92%～1.07%，为高成熟度页岩，具有很好的生烃潜力

下二叠统山 2 段潟湖相黑色页岩中椭球状菱铁质结核

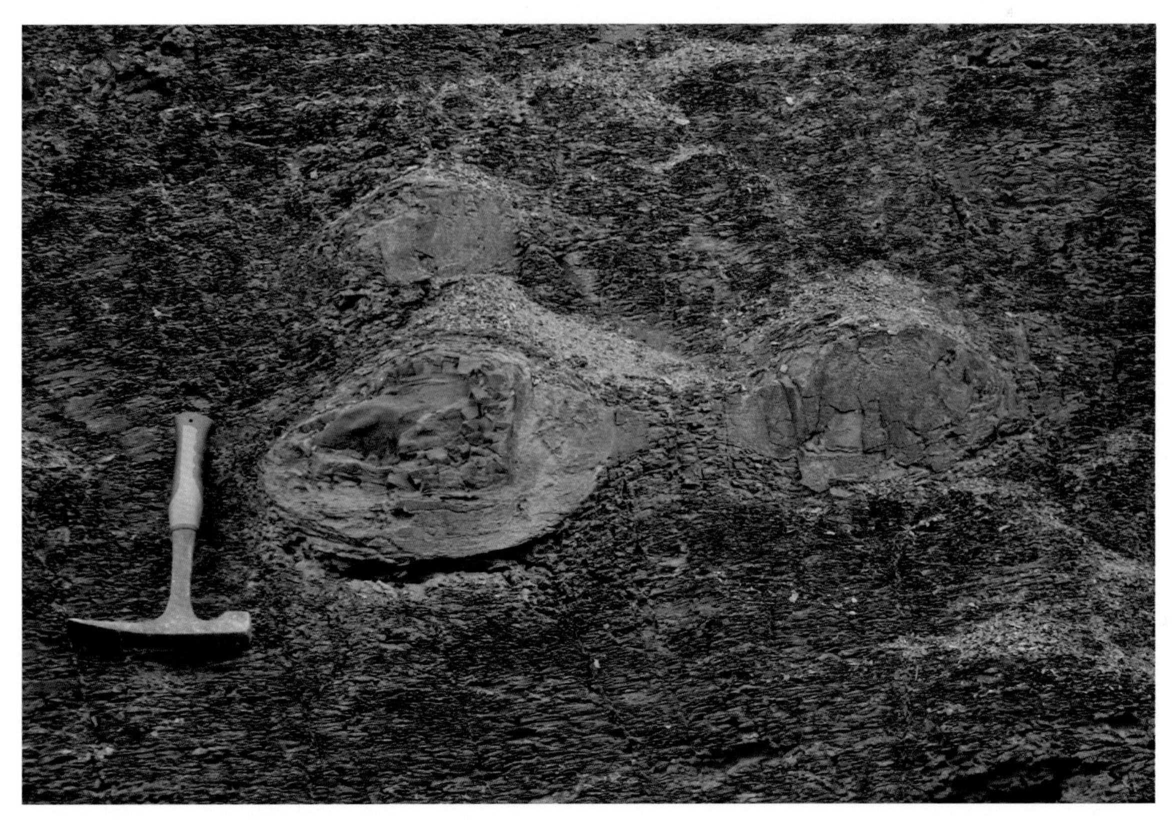

下二叠统山 2 段潟湖相黑色页岩中椭球状菱铁质结核，结核直径可达 30cm（图中地质锤长度为 27.9cm）

下二叠统山 2 段潟湖相黑色页岩硬度较大，XRD 显示其石英含量在 52.7%～79.2% 之间，具有良好的可压裂性

下二叠统山 2 段由潟湖相向上过渡为潮坪相，黑色页岩夹含铁粉砂质层，构成透镜状层理，粉砂质层向上由中层变为薄层，由连续层状变为不连续条状，密集程度由 12cm/ 条变为 2～3cm/ 条，反映了潮汐作用增强的过程

下二叠统山 2 段潮坪相黑色页岩可见陆相植物化石

下二叠统山 2 段潮坪相黑色页岩夹大量连续或不连续薄层状含铁粉砂质层，构成透镜状或波状层理，为潮坪沉积的标志

下二叠统山 2 段潮坪相黑色页岩夹含铁粉砂质层，上部为浅灰色厚层中粗粒砂岩（北岔沟砂岩），沉积环境由潮坪相转变为三角洲前缘相

下二叠统山 2 段潮坪相黑色页岩，夹大量薄层含铁粉砂质层，在潮汐作用下，构成典型的透镜状层理

下二叠统山 2 段北岔沟砂岩呈顶平底凸的透镜状，为水下分流河道沉积

下二叠统山 2 段北岔沟砂岩发育板状交错层理，底部可见硅化木，反映了较强的水动力条件

下二叠统山 2 段水下分流间湾黑色泥岩

下二叠统山 1 段在成家庄地区以潮控三角洲平原相为主，发育大型分流河道灰黄色厚—巨厚层砂岩，在剖面上呈顶平底凸状，发育大量板状交错层理、槽状交错层理

下二叠统山 1 段分流河道灰黄色厚—巨厚层砂岩中可见硅化木，指示了较强的水动力条件

下二叠统山 1 段分流河道砂岩底部包裹不规则状泥砾，反映了较强的水动力条件

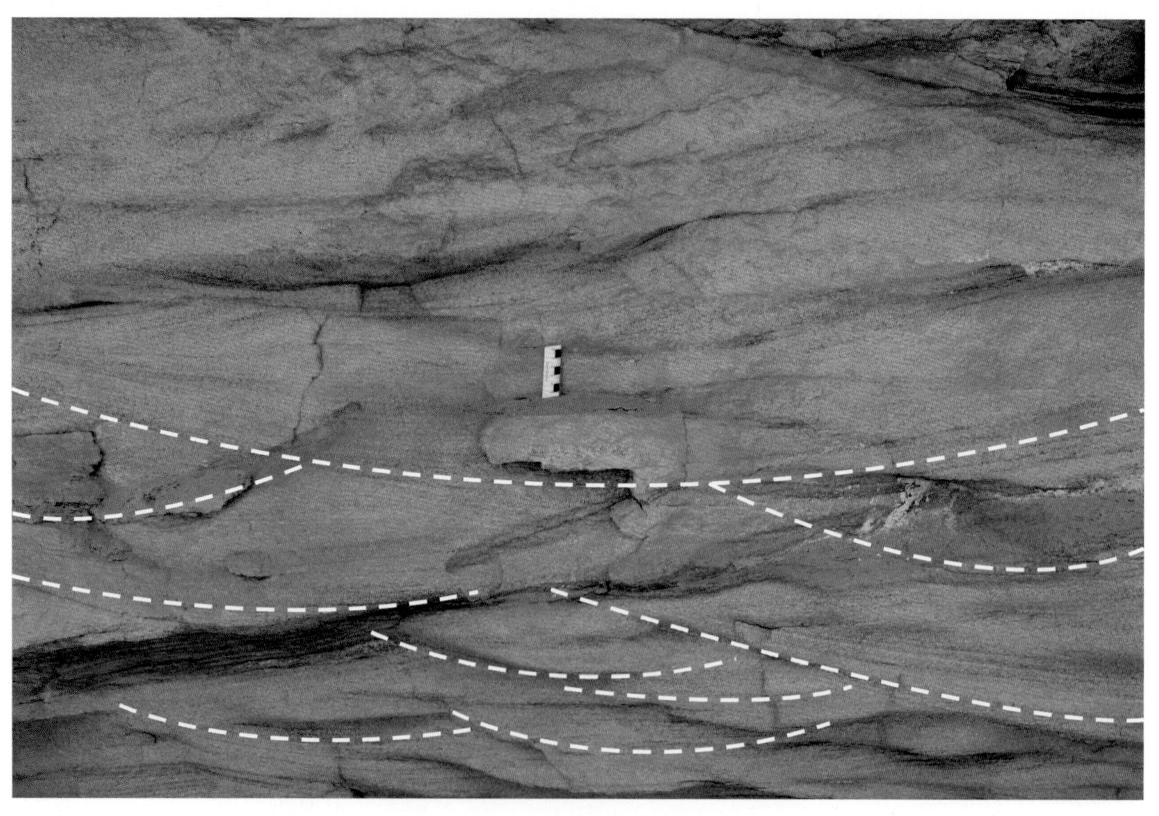

下二叠统山 1 段分流河道砂岩发育槽状交错层理

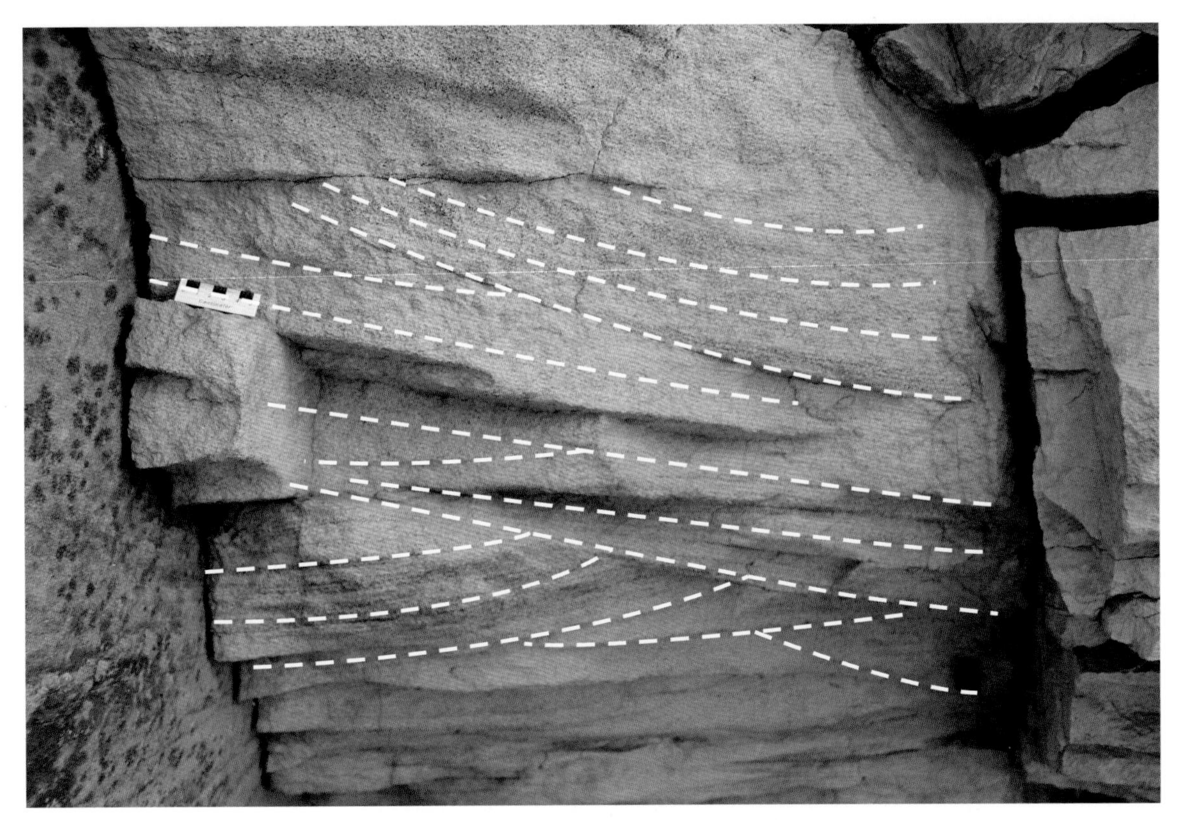

下二叠统山 1 段分流河道砂岩发育大型槽状交错层理

下二叠统山 1 段分流河道砂岩发育板状交错层理

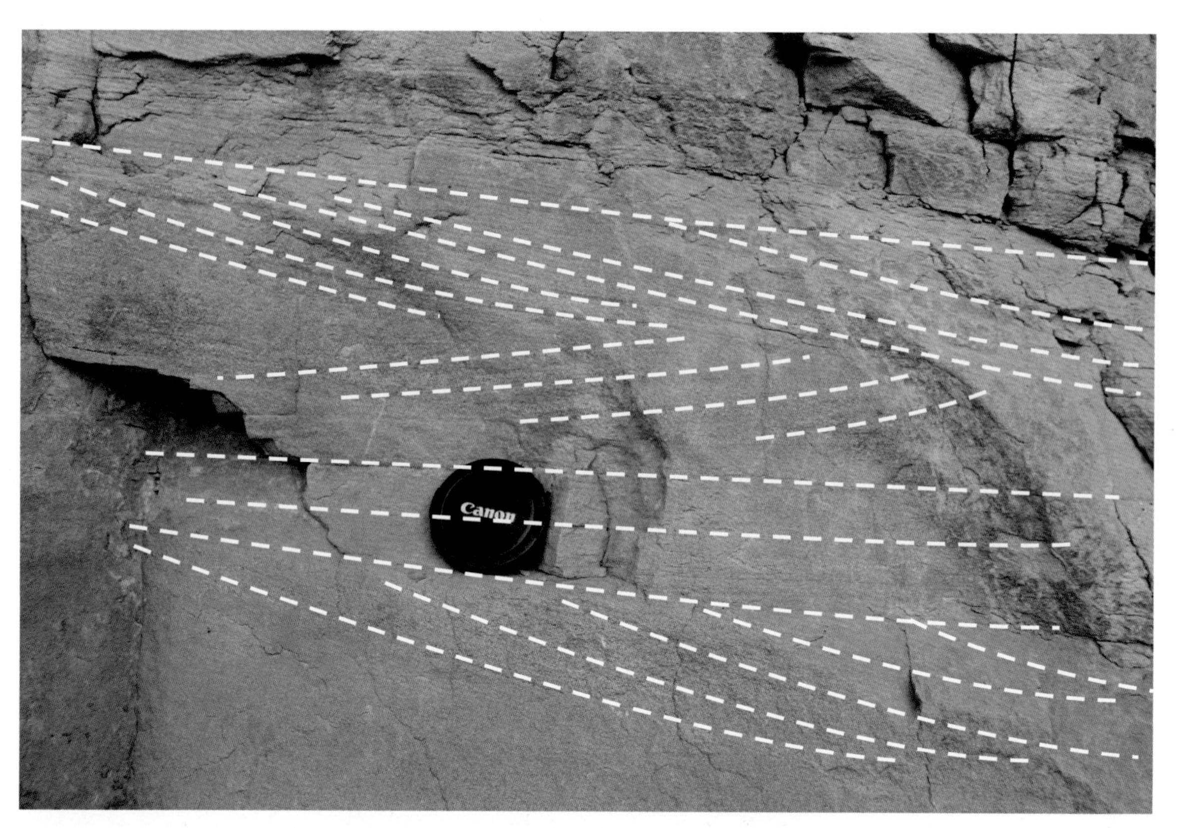

下二叠统山 1 段分流河道砂岩发育大型交错层理

下二叠统山 1 段分流河道砂岩含有大型植物茎干化石，反映了较强的水动力条件

下二叠统山 1 段分流间湾相黑色含碳质碎屑粉砂岩

下二叠统山 1 段三角洲平原分流间湾沼泽泥岩发育典型的压模构造，当砂层沉积在塑性的泥质层之上因差异压实会使沉积物发生垂向流动而形成软沉积物变形

下二叠统山西组与中二叠统石盒子组界线，下部为山1段三角洲平原相黑色泥岩、砂岩夹薄煤层，上部为盒8段厚层砂岩，常称“骆驼脖子砂岩”

第五章　乡宁台头本溪组—山西组剖面

统	组	段	厚度(m)	岩心剖面	沉积构造	标志层	岩性描述	亚相	相
中二叠统	下石盒子组	盒8段	30			骆驼脖子砂岩	浅黄色厚层中—粗粒砂岩	辫状河道	河流相
下二叠统	山西组	山1段					灰黑色碳质泥岩含大量植物碎屑	潮坪	有障壁海岸
							灰黄色砂质泥岩	潮坪	
			25			1号煤	厚层煤层	泥炭沼泽	
							灰黄色砂质泥岩，其中见透镜状浅黄色砂岩	潮坪	
			20				黑色页岩夹大量连续、不连续层状、透镜状紫红色铁质粉砂岩	潮坪	
						2号煤	厚层煤层	泥炭沼泽	
			15				黑色页岩含大量菱铁质结核，结核呈椭球状，向上数量增加	潟湖	
						3号煤	厚层煤层	泥炭沼泽	
							黑色碳质泥岩，泥岩发育大量植物碎屑	潮坪	
			10				灰黄色薄层砂夹灰黑色泥岩，泥岩发育水平层理	潮坪	
		山2段				4号煤	巨厚煤层	泥炭沼泽	
			5				黑色页岩含菱铁质结核	潟湖	
							灰黄色薄层砂夹灰黑色泥岩，向上过渡为砂泥互层，构成波状层理	潮坪	

乡宁台头剖面岩性综合柱状图

第一节　乡宁台头本溪组和太原组沉积特征

上石炭统本2段，底部灰黄色为铁铝岩层，中部为潟湖相黑色页岩，上部为灰黄色薄层状细粒砂岩，此处本溪组厚度较薄，仅8～10m厚

上石炭统本2段灰黄色薄层状细粒砂岩，常称“晋祠砂岩”

下二叠统太原组海相泥岩夹灰色中—中厚层灰岩

下二叠统太原组潮坪相灰黑色粉砂质泥岩，内含大量陆生植物化石

下二叠统太原组潮坪相灰黑色粉砂质泥岩，内含大量陆生植物茎干、叶片化石 1

下二叠统太原组潮坪相灰黑色粉砂质泥岩，内含大量陆生植物茎干、叶片化石 2

下二叠统太原组中层深灰色中—粗粒砂岩，常称“七里沟砂岩”，为障壁岛相砂岩

下二叠统太原组障壁岛相中层深灰色中—粗粒砂岩发育平行层理

第二节　乡宁台头山西组沉积特征

台乡线公路旁下二叠统山 2 段，下部为灰黄色薄—中层块状细砂岩夹薄层泥岩

下二叠统山 2 段潮坪相灰黄色薄—中层块状粗—细粒砂岩夹薄层泥岩，砂岩粒度向上变细，下部为压扁层理，上部过渡为波状层理，指示了强烈的潮汐作用

下二叠统山 2 段灰黄色薄—中层砂坪相块状中砂岩，见少量泥砾

下二叠统山 2 段灰黄色中层砂坪相块状粗砂岩，见少量透镜状泥砾

下二叠统山 2 段灰黄色中层块状中粗砂岩呈球状风化，钾长石含量较高使其风化色呈肉红色

下二叠统山 2 段灰黄色中—薄层块状砂岩由底部砂夹泥岩，构成波状层理，主要发育于潮汐环境中

下二叠统山 2 段潟湖相黑色页岩，页理十分发育，其中发育少量球状—椭球状菱铁质结核，指示了静水半还原—还原环境

下二叠统山 2 段潟湖相黑色页岩，其中发育少量球状—椭球状菱铁质结核，指示了静水半还原—还原环境

下二叠统山 2 段顶部沼泽相 4 号煤层，指示了水退的过程，潟湖萎缩形成泥炭沼泽

下二叠统山 1 段障壁岛相灰黄色中层砂岩发育双向交错层理

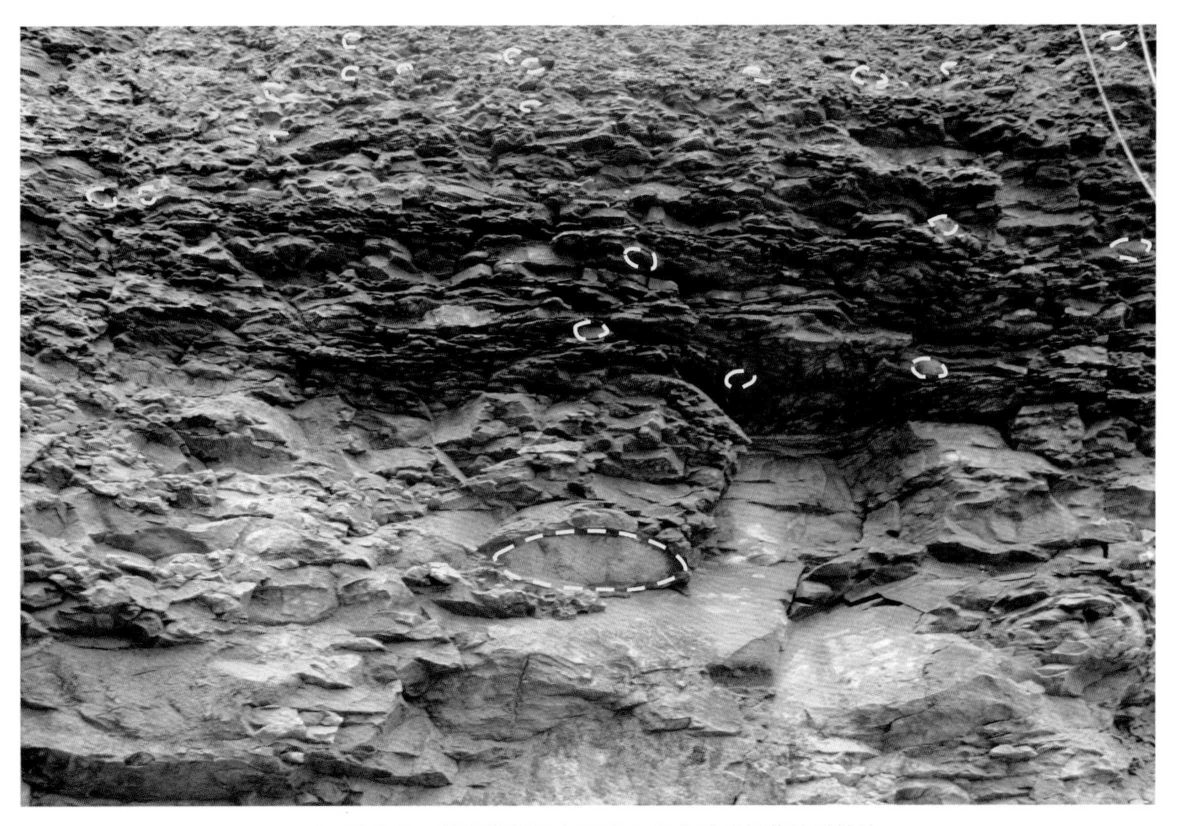

下二叠统山 1 段潟湖相黑色页岩中富含椭球状菱铁质结核

下二叠统山 1 段由潟湖相黑色页岩过渡为潮坪相低潮带薄砂泥互层

下二叠统山 1 段潮坪相低潮带薄砂岩发育板状交错层理

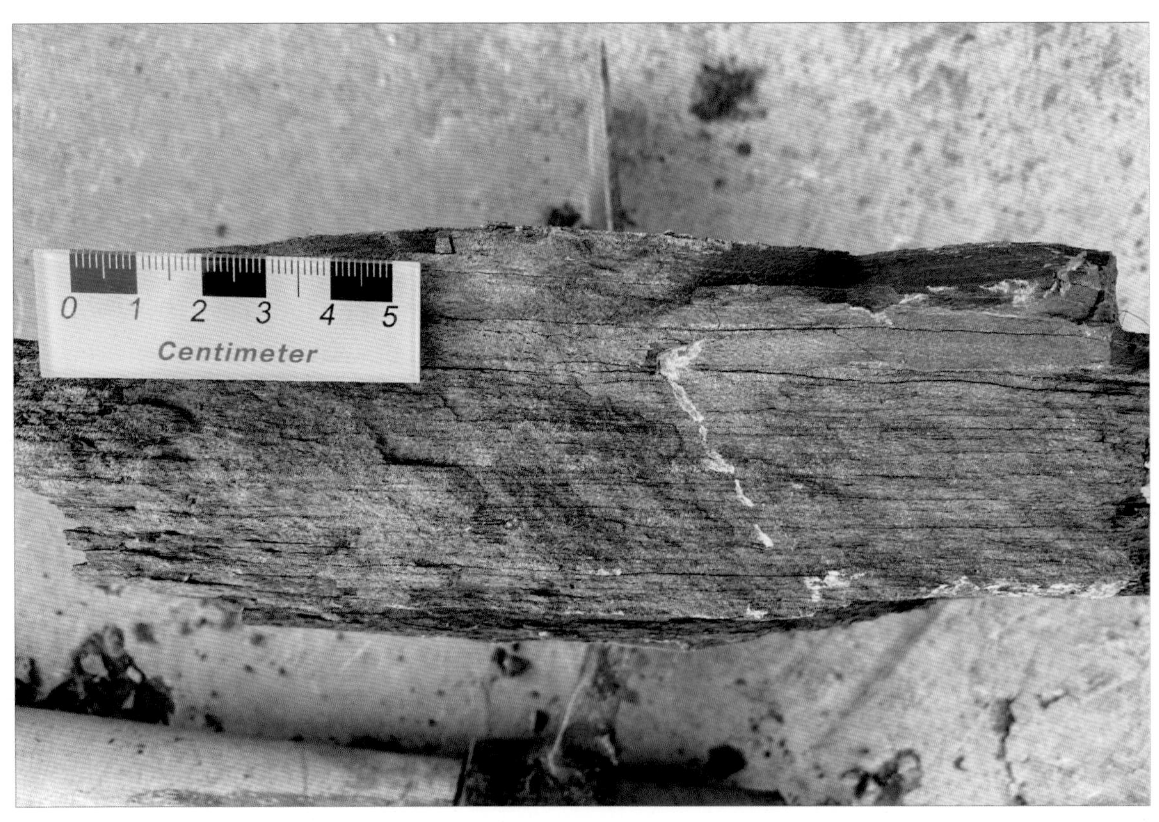

下二叠统山 1 段潮坪相高潮带平行层理粉砂质泥岩

下二叠统山 1 段，底部为泥坪相灰黑色碳质页岩，向上过渡为沼泽相煤层（3 号煤层），上部为潟湖相黑色页岩

下二叠统山 1 段泥坪相灰黑色碳质页岩，其中可见大量植物炭屑

下二叠统山 1 段泥坪相灰黑色碳质页岩，富含植物炭屑

下二叠统山 1 段 3 号煤层与 2 号煤层之间为潟湖相黑色页岩，其中发育大量菱铁质结核，指示了静水半还原—还原的水体环境

下二叠统山 1 段潟湖相黑色页岩，富含菱铁质结核，铁质结核的铁元素主要来源于陆源碎屑补给，因此其形态受水动力条件与碎屑补给共同影响

下二叠统山 1 段潟湖相黑色页岩中透镜状菱铁质结核，大小可达 50cm × 10cm

下二叠统山 1 段，2 号煤层和 1 号煤层之间为潮坪相粉砂质页岩，下部可见混合坪相砂泥互层，上部见小型潮道砂体

下二叠统山 1 段混合坪相砂泥互层，由一系列连续或不连续薄层微波状紫红色含铁质粉砂岩夹薄层灰色泥岩构成波状层理，粉砂岩厚 2～3cm，向上粉砂岩薄层出现频率逐渐减少

下二叠统山 1 段混合坪相砂泥互层，由一系列连续或不连续薄层微波状紫红色含铁质粉砂岩夹薄层灰色泥岩构成波状层理，方向平行于层面

下二叠统山 1 段向上发育多个透镜状潮道砂体，在剖面上呈顶平底凸状，多个潮道砂体呈指状侧向斜列

下二叠统山 1 段灰黄色潮道砂体，在剖面上呈顶平底凸的透镜状

下二叠统山 1 段 1 号煤层，下部见侵蚀面，可能为潮道滞留水体萎缩沼泽化形成

下二叠统山西组和中二叠统下石盒子组的界线，上部为中二叠统盒 8 段灰黄色厚层砂岩（骆驼脖子砂岩），下部为山 1 段潮坪相灰黑色页岩

第六章　韩城汩水河本溪组—山西组剖面

第一节　韩城汩水河本溪组沉积特征

奥陶系马家沟组和上石炭统本溪组的界线，左边灰色地层为马家沟组灰色—浅灰色含砾灰岩，右侧黄色地层为本溪组含砾砂岩，二者呈不整合接触

奥陶系马家沟组基岩为灰黄色—浅灰色中层泥晶灰岩，经历 1.5 亿年的风化剥蚀与淋滤作用，形成大量孔隙，可作为良好储层

晚石炭系本 2 段底部为黄色砂砾岩层，底部为一套较粗的砾岩层，可见风暴作用造成的溃坝构造现象，还可见砾石花状构造，双向交错层理等潮汐层理，指示了强潮汐作用环境

本 2 段底部灰黄色砾岩，砾石成分多为石英，磨圆度较好，呈圆状—次圆状，分选性中等，砾石呈花状分散，指示了高能沉积环境

本2段晋祠砂岩底部可见冲刷面，碳质泥岩呈透镜状，上部砂岩发育压扁层理，均指示了此处为三角洲前缘—潮汐复合沉积环境

本1段灰黄色厚层砂岩（晋祠砂岩），发育平行层理、波状层理等

本 1 段灰黄色厚层砂岩（晋祠砂岩）发育波状层理，指示了强烈的潮汐作用

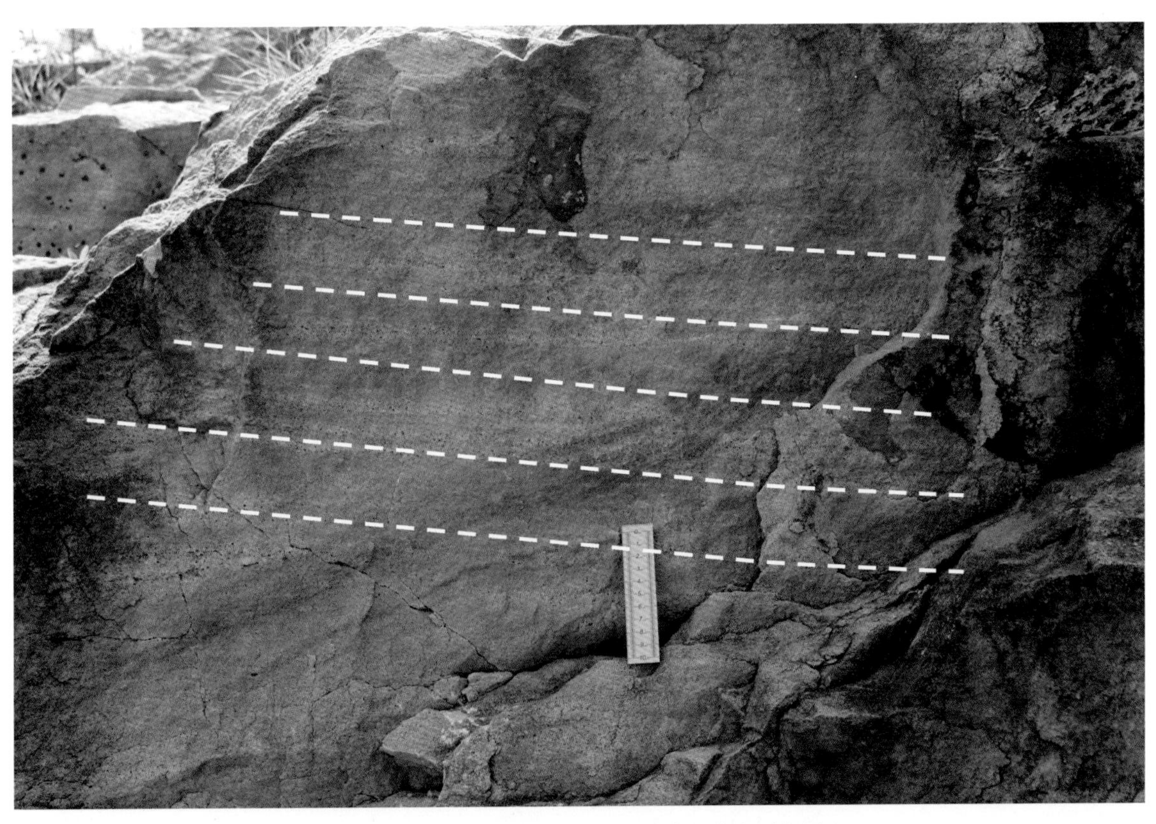

本 1 段大型障壁岛相砂岩（晋祠砂岩）发育平行层理

第二节　韩城汜水河山西组沉积特征

下二叠统山 1 段三角洲前缘沉积，上部为三角洲前缘水下分流河道砂体，呈顶平底凸形态，下部为前缘席状砂沉积，席状砂为粉细砂岩组成，夹薄层碳质泥岩

下二叠统山 1 段三角洲前缘水下分流间湾碳质页岩，其中可见大量植物碎屑

第七章　大宁—吉县区块典型取心井沉积特征

第一节　大宁—吉县区块典型取心井本溪组沉积特征

I井，2211.6m，本1段灰黑色生物碎屑灰岩，断面上可见腕足类生物碎屑

I井，2210.36m，本1段潟湖相黑色页岩发育水平纹层，纹层呈近水平连续或不连续状，单纹层厚度为1～2mm，成分由黄铁矿和粉砂构成

I 井，2209.47m，本 1 段潟湖相黑色页岩发育黄铁矿条带，条带呈透镜状，宽度为 0.5～1cm，成分由黄铁矿和粉砂质构成

I 井，2208.12m，本 1 段块状潟湖相黑色粉砂质页岩

I 井，2208.13m，本 1 段顶部 8 号煤层，可作为本溪顶部的标志层，煤层质地较轻，呈黑色而富有光泽，此处 8 号煤层厚度较大，为 8m 左右

B 井，2404.5m，本 1 段顶部 8 号煤层，可作为本溪顶部的标志层，煤层质地较轻，呈黑色而富有光泽，可见大量植物炭屑

H 井，2435.25m，本 1 段灰色—浅灰色含凝灰质泥岩

H 井，2434.2m，本 1 段潟湖相黑色泥岩，发育透镜状黄铁矿斑块

H井，2434.2m，本1段潟湖相黑色泥岩（截面），发育透镜状黄铁矿斑块

第二节　大宁—吉县区块典型取心井太原组沉积特征

I井，2181.46m，太原组灰黑色生物碎屑灰岩，含大量棘皮类、蜓类、腕足类、介壳类化石，生物屑被方解石和黄铁矿胶结

I 井，2191.93m，太原组潮坪相灰黑色粉砂质页岩发育波状纹层，液化变形构造

I 井，2171.06m，太原组灰黑色生物碎屑粉晶灰岩，含大量棘皮类、蜓类、腕足类、介壳类化石

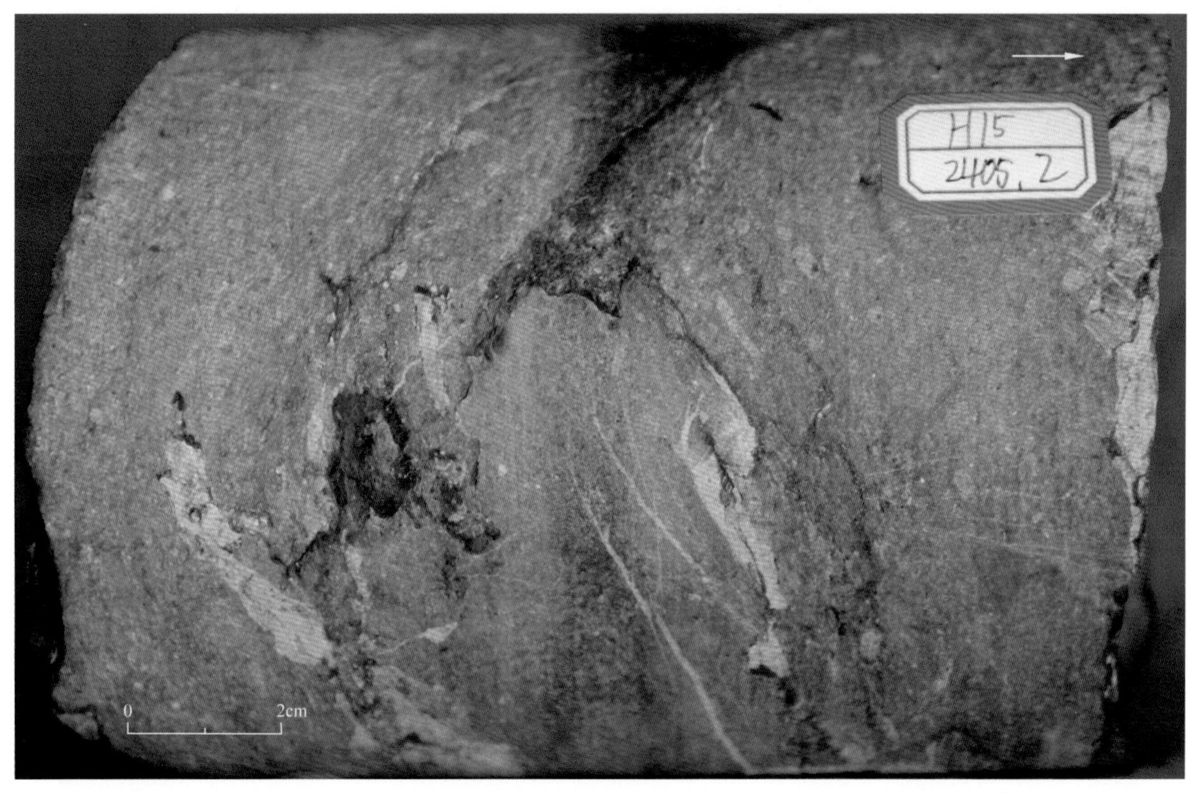

B 井，2405.2m，太原组浅灰色含生物碎屑泥晶灰岩，可见缝合线构造，含大量棘皮类、蜓类、腕足类、介壳类化石

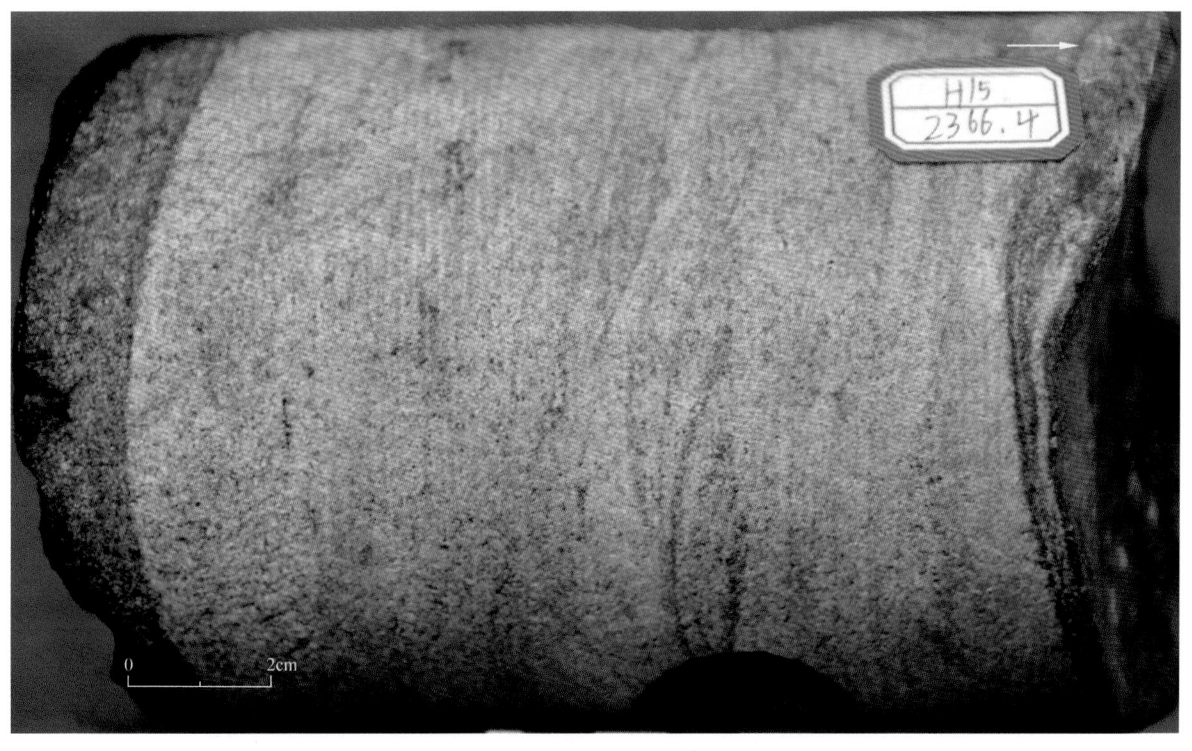

B 井，2366.4m，太原组障壁岛相灰白色中粒石英砂岩发育小型槽状交错层理

C 井，1746.6m，太原组灰黑色生物碎屑灰岩，含大量棘皮类、蜓类、腕足类、介壳类化石

F 井，1959.47m，太原组灰黑色生物碎屑灰岩，含大量棘皮类、蜓类、腕足类、介壳类化石

第三节　大宁—吉县区块典型取心井山西组沉积特征

A 井，1993.9m，山 2 段混合坪粉砂质泥岩发育波状纹层，在较强潮汐流作用下，泥岩纹层以起伏脉状或细长飘带状等夹在粉砂质砂之间

A 井，1986.6m，山 2 段混合坪相粉砂质泥岩发育透镜纹层

A 井，1986.4m，山 2 段潮道相粉细砂岩中见泥质撕裂屑，代表了较强的水动力条件

A 井，1985.2m，山 2 段潟湖相黑色泥岩发育垂直于层面次生裂缝，并被方解石脉充填

A 井，1952.8m，山 2 段混合坪粉砂质泥岩发育波状纹层

A 井，1949.9m，山 2 段混合坪粉砂质泥岩发育波状纹层，并且局部存在生物扰动现象

A 井，1948.5m，山 2 段混合坪粉砂质泥岩发育透镜纹层，被后期断层错断

A 井，1946.5m，山 2 段混合坪粉砂质泥岩发育波状纹层，并受到后期改造，显示其受到较强烈的生物扰动

B 井，2365.1m，山 2 段潟湖相黑色页岩发育不连续浅灰色水平纹层，粉砂质纹层呈近水平状分布于泥纹层之间，代表了饥饿物源的潮坪环境，单纹层厚度约 1mm，频率约 10 个 /cm

B 井，2361.8m，山 2 段灰黑色碳质页岩中可见黄铁矿斑块，显示了强还原环境

B 井，2361.8m，山 2 段灰黑色碳质页岩断面上可见黄铁矿呈层状分布，为潟湖沼泽化沉积产物

B 井，2361.1m，山 2 段灰黑色碳质页岩断面上可见植物炭屑

B 井，2359.1m，山 2 段混合坪灰黑色粉砂质页岩发育透镜状纹层，波状纹层，连续或不连续状，指示了潮间带混合坪沉积

B 井，2279.7m，山 2 段混合坪灰黑色泥质粉砂岩发育水平泥质纹层，纹层被后期断层错断

C 井，1666.9m，山 2 段混合坪灰黑色泥质粉砂岩发育波状纹层，粉砂质纹层呈对称或不对称、规则或不规则的波状，方向平行于层面

C 井，1665.2m，山 2 段泥坪灰黑色泥岩中可见大量植物炭屑

C井，1663.2m，山2段潮道灰白色细粒块状砂岩，由底到顶呈现由粗到细的正粒序构造

D井，1959.8m，山2段砂坪灰白色细粒砂岩，发育双向交错层理，层理由炭屑物质富集而显现

D井，1927.3m，山2段沼泽相煤层，发育平行于层面的裂缝，被方解石脉充填

E 井，2026.1m，山 2 段潮坪相潮下带细砂岩，发育泥质纹层

E 井，2022.9m，山 2 段潟湖相黑色页岩，发育垂直于层面的裂缝，被方解石脉充填

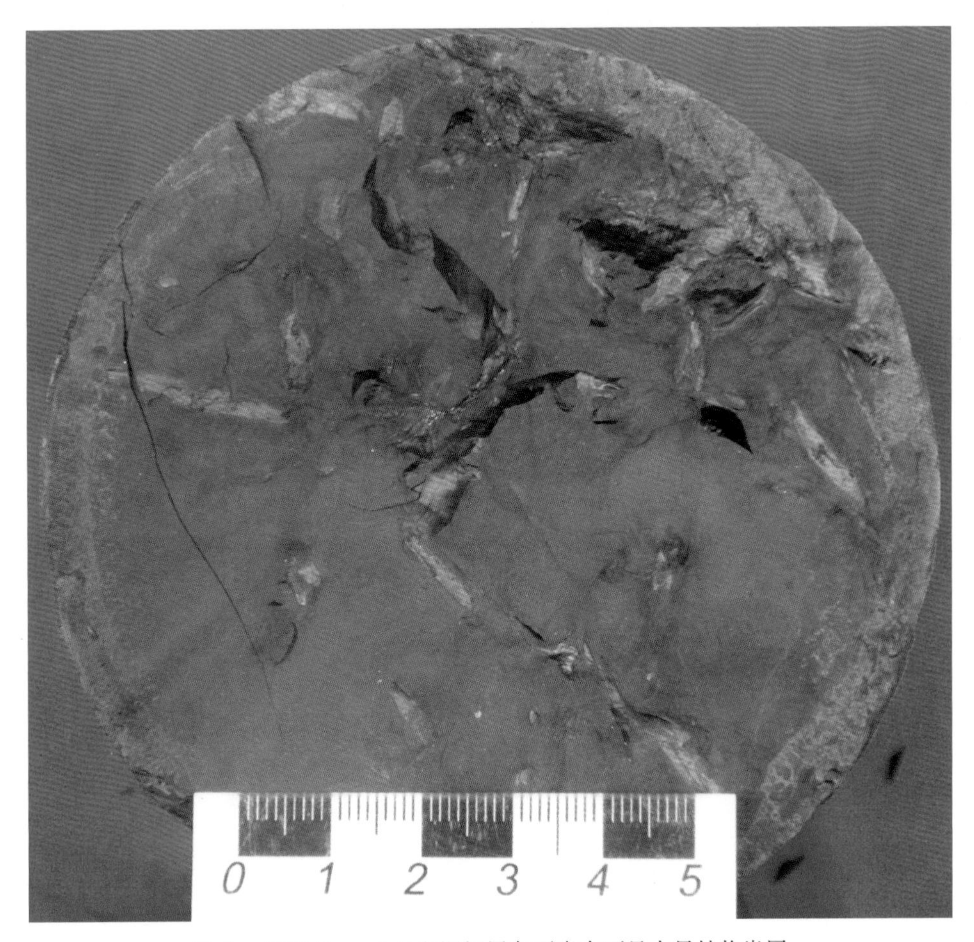

E 井，2020.7m，山 2 段泥坪黑色页岩中可见大量植物炭屑

F 井，1943.66m，山 2 段潮道中砂岩，发育小型交错层理，层理由炭屑物质富集而显现

F井，1907.96m，山2段混合坪泥质粉砂岩，发育透镜状和波状纹层，砂质呈透镜体包于粉砂层之中

F井，1940.12m，山2段沼泽煤，富含光泽，可见黄铁矿斑块

G井，1561m，山2段三角洲前缘水下分流河道灰黑色中砂岩，可见大量不规则泥砾，反映了强烈冲刷作用的河道底部滞留环境

G 井，1548.85m，山 2 段砂坪灰黑色细砂岩，发育小型交错层理，代表了小型潮道

H 井，2372.3m，山 2 段潟湖相黑色页岩，发育黄铁矿斑块

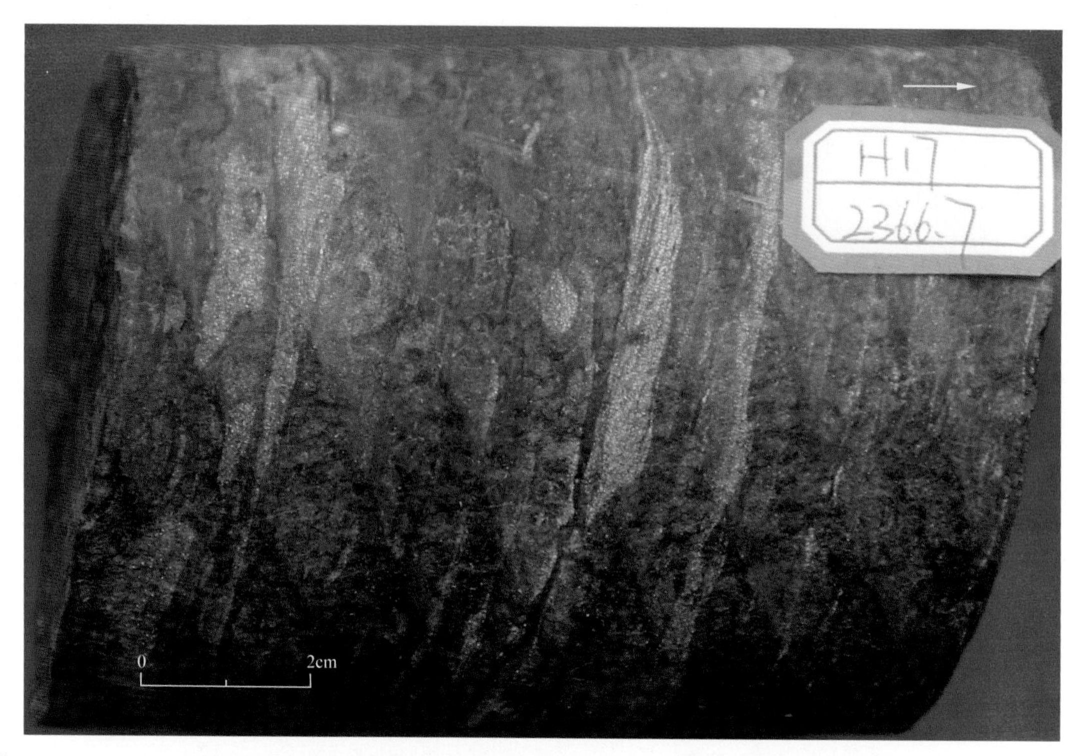

H井，2366.7m，山2段混合坪黑色粉砂质页岩，发育透镜状纹层，粉砂质透镜体包于泥质层之中，并且粉砂质透镜体内部可见细小的前积纹层，反映了水流作用较弱

I井，2161.88m，山2段混合坪黑色页岩，发育粉砂质透镜状纹层（左）和水平纹层（右），指示了潮间坪上部沉积环境，物源供给不足，能量较弱，水动力在微静水和微动水之间不断变化

I井，2161.17m，山2段混合坪黑色页岩，发育透镜状纹层和水平纹层，由于强烈的生物扰动，导致纹层被破坏

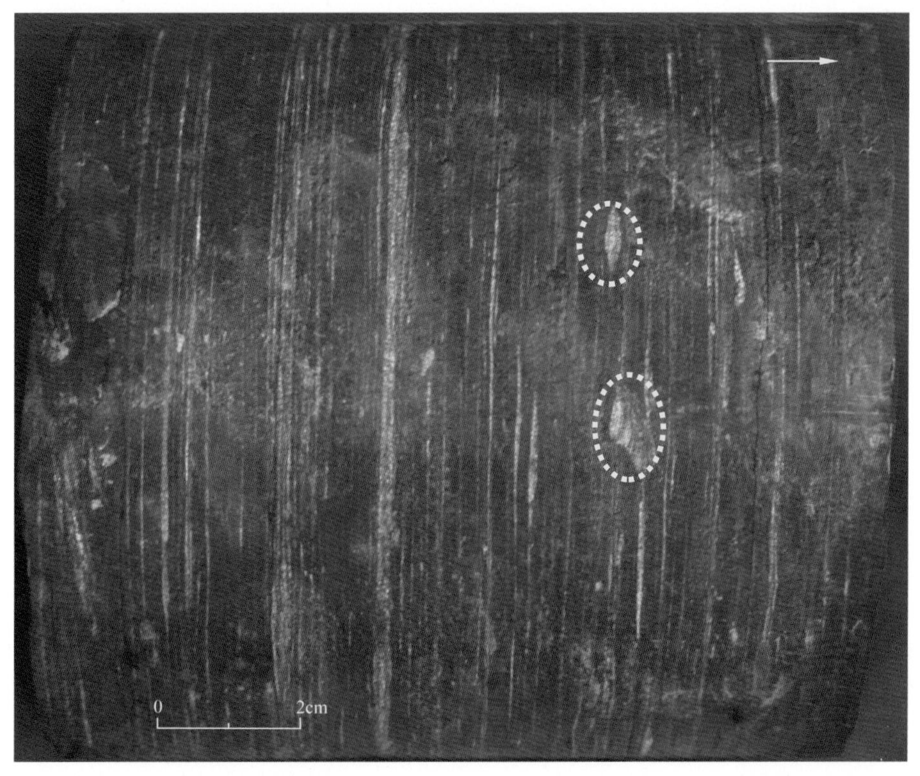

I井，2160.79m，山2段混合坪低潮带黑色页岩，发育水平纹层，水动力条件较弱，生物扰动较强烈，发育平行层面潜穴，被粉砂质矿物填充

I井，2160.01m，山2段混合坪黑色页岩，发育透镜状纹层，生物扰动强烈，发育平行层面潜穴，被粉砂质矿物填充（据彭思钟等，2022）

I井，2158.77m，山2段混合坪黑色页岩，生物扰动十分强烈，原始纹层破坏严重

I 井，2157.51m，山 2 段混合坪黑色页岩，发育水平纹层和透镜状纹层，生物扰动强烈，原始纹层被破坏

I 井，2156.69m，山 2 段混合坪黑色页岩，发育透镜状纹层，生物扰动较强烈，指示水动力动荡的还原环境（据彭思钟等，2022）

I 井，2154.55m，山 2 段混合坪黑色页岩，发育波状纹层，生物扰动较强烈，位于混合坪高潮线附近，受到强烈潮汐作用与波浪作用形成波状砂泥互层（据彭思钟等，2022）

I 井，2154.23m，山 2 段混合坪黑色页岩，发育透镜状纹层和波状纹层，位于混合坪高潮线附近，生物扰动强烈，可见垂直纹层的潜穴被粉砂质填充

I井，2153.98m，山2段混合坪黑色页岩，位于混合坪高潮线附近，生物扰动强烈

I井，2151.51m，山2段砂坪相黑色粉砂质页岩

I井，2146.99m，山2段潟湖相黑色页岩，黄铁矿与粉砂质集合体呈水平纹层状分布，指示了强还原的静水沉积环境

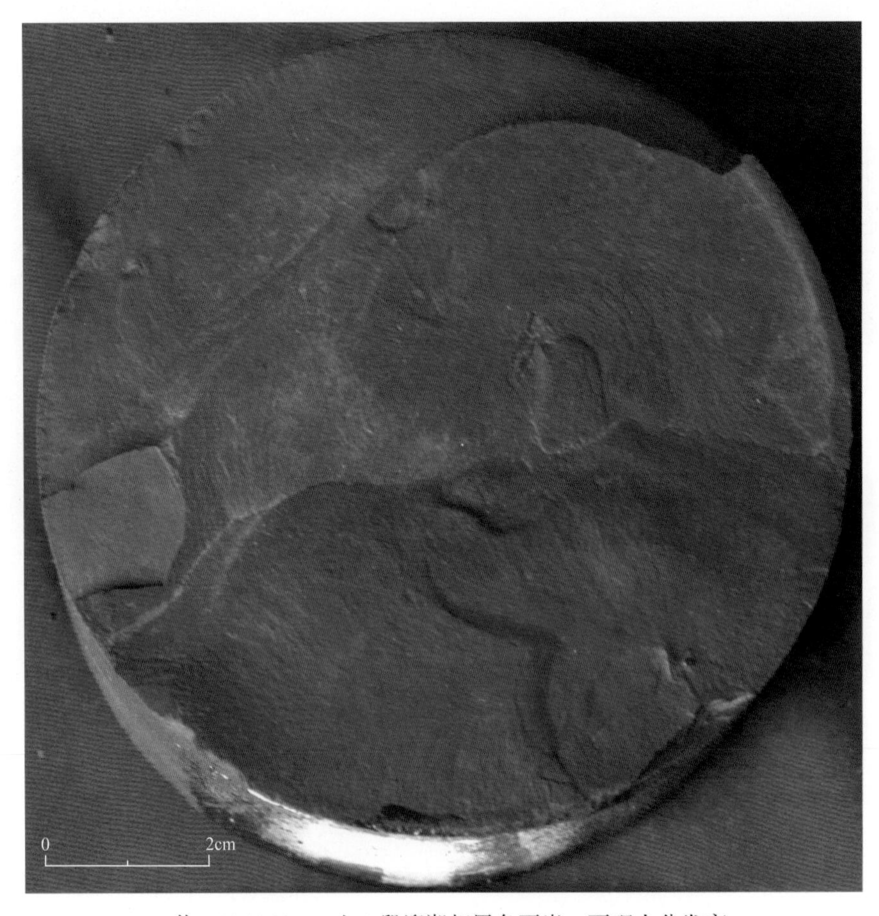

I井，2146.99m，山2段潟湖相黑色页岩，页理十分发育

I井，2144.87m，山2段潟湖相黑色页岩，发育顺层面裂缝，并且被方解石脉填充（据彭思钟等，2022）

I井，2142.44m，山2段潟湖相黑色页岩，纹理十分发育

I 井，2138.97m，山 2 段黑色粉砂质页岩，生物扰动强烈

I 井，2119.97m，山 2 段黑色碳质页岩，与煤层伴生，含大量植物炭屑（据彭思钟等，2022）

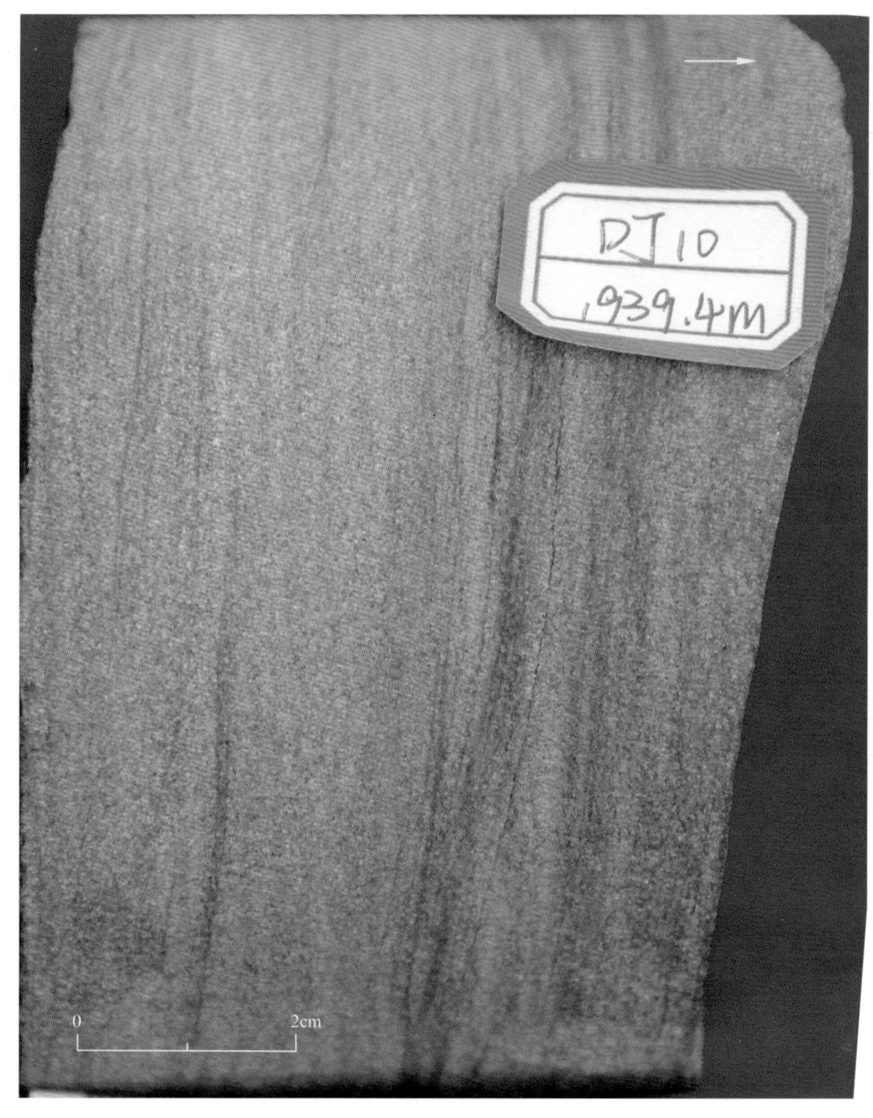

A 井，1939.4m，山 1 段水下分流河道砂岩，发育砂纹层理

A 井，1938.3m，山 1 段水下分流河道砂岩，呈正粒序，底部冲刷面发育滞留泥砾

A 井，1925.9m，山 1 段水下天然堤粉砂岩，发育流水与波浪共同作用形成的爬升交错层理

B 井，2217.9m，山 1 段，浅湖相灰绿色泥岩中可见大量鲕粒，因含铁质其风化色表现出红褐色

C 井，1642.7m，山 1 段发育砂纹交错层理，纹层以碳质成分富集而显现，且砂纹具有不同方向

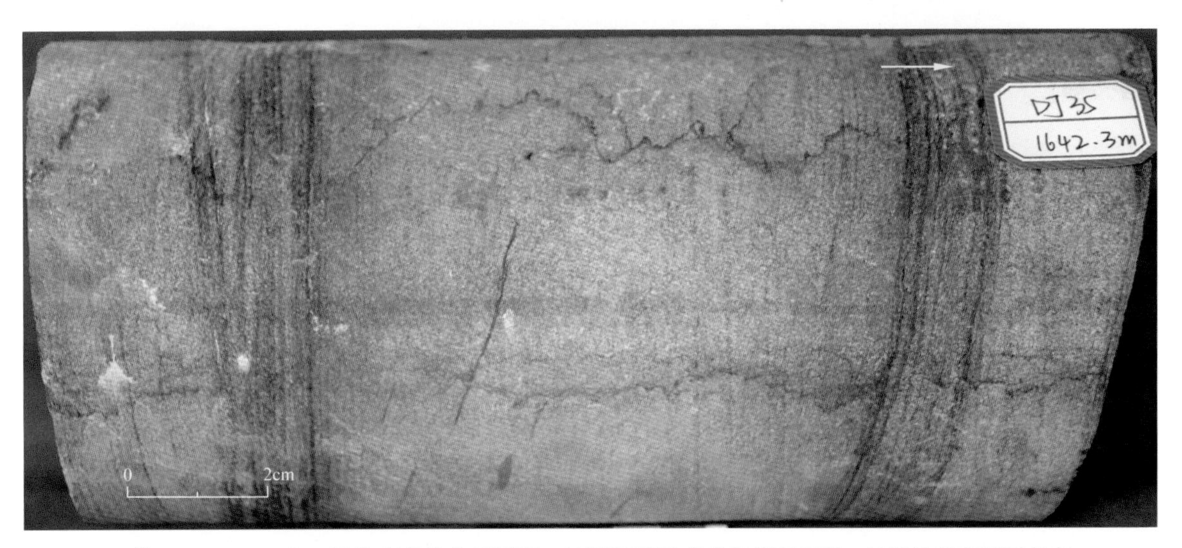

C 井，1642.3m，山 1 段发育砂纹交错层理，纹层以碳质成分富集而显现，且砂纹具有不同方向

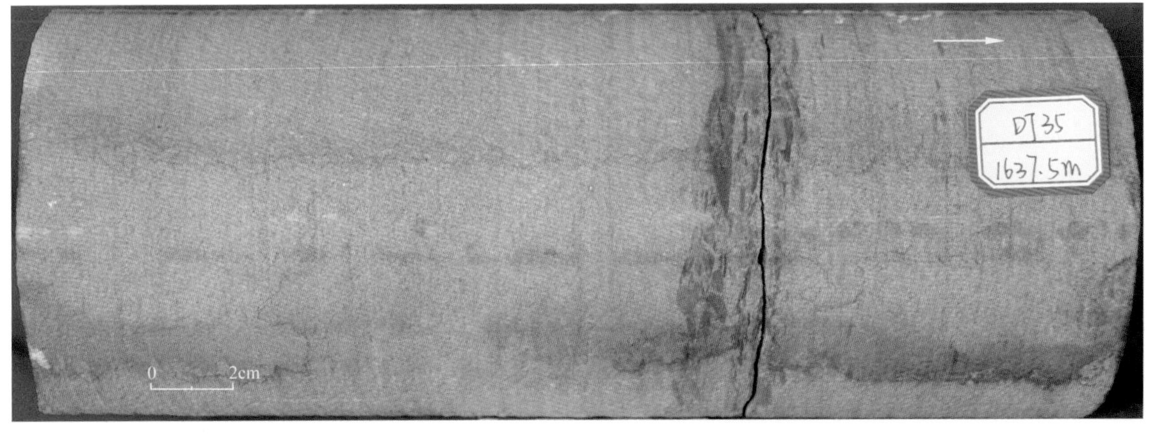

C 井，1637.5m，山 1 段灰白色砂岩中可见泥砾呈顺层定向排列

C 井，1635.8m，山 1 段灰白色砂岩中可见泥砾呈顺层定向排列，以及爬升砂纹层理

C 井，1632.6m，山 1 段沼泽相灰黑色碳质泥岩

C 井，1632.0m，山 1 段浅湖相灰绿色泥岩

C井，1630.8m，山1段水下分流河道灰白色细砂岩见大量白云母片

C井，1602.0m，山1段水下分流间湾黑色粉砂质泥岩被潮汐作用改造，发育双向交错纹层

C 井，1601.6m，山 1 段水下分流间湾黑色粉砂质泥岩被潮汐作用改造，发育双向交错纹层

D 井，1889.4m，山 1 段水下分流间湾黑色泥岩，可见大量植物炭屑

D 井，1873.6m，山 1 段水下分流河道灰白色细砂岩发育砂纹层理

D 井，1819.3m，山 1 段水下分流河道灰白色中—细砂岩发育正粒序，并且底部可见由冲刷作用形成的滞留泥砾

E 井，1947.9m，山 1 段灰白色细砂岩中可见由于重力滑塌作用形成的泥岩撕裂屑

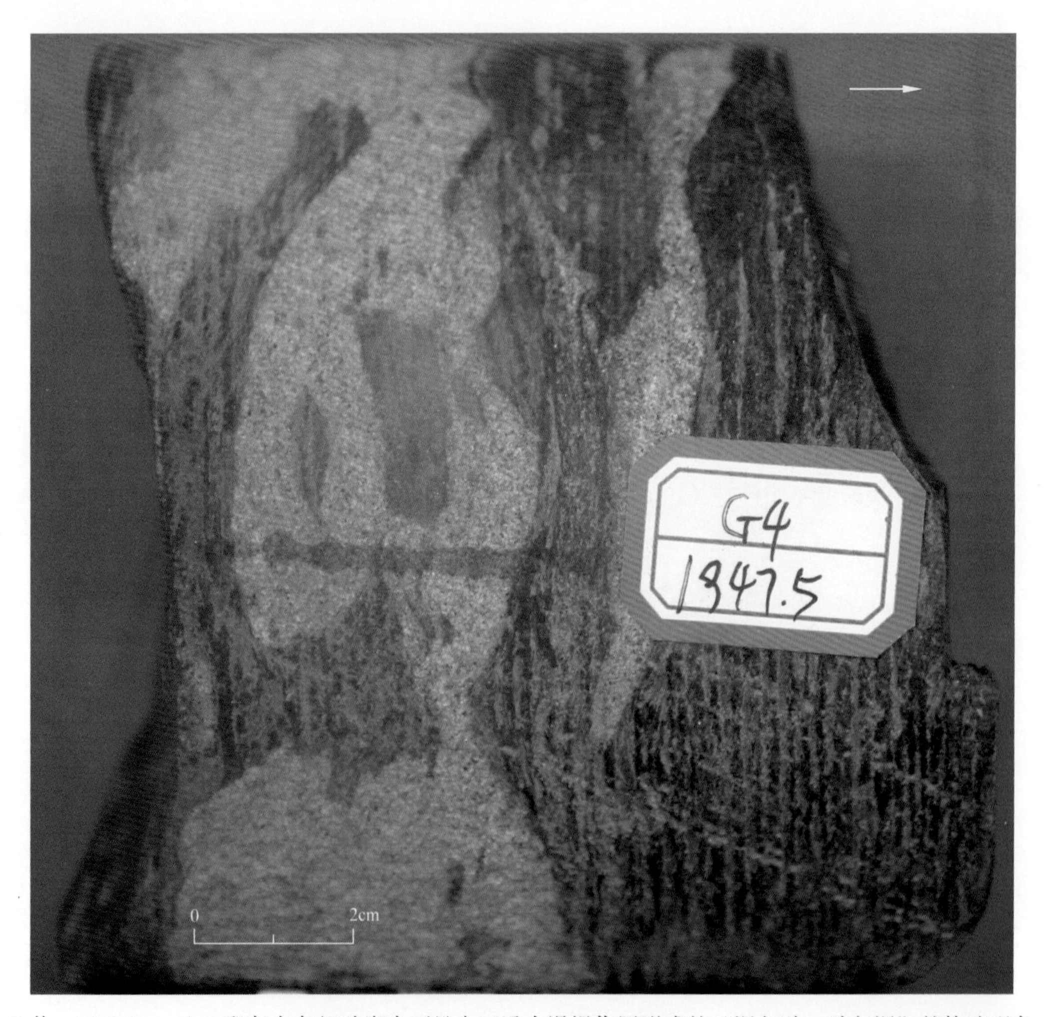

E 井，1947.5m，山 1 段灰白色细砂岩中可见由于重力滑塌作用形成的“泥包砂、砂包泥”的构造现象

E井，1946.1m，山1段灰白色细砂岩1中可见由于重力滑塌作用形成的泥岩撕裂屑

E井，1946.1m，山1段灰白色细砂岩2中可见由于重力滑塌作用形成的泥岩撕裂屑

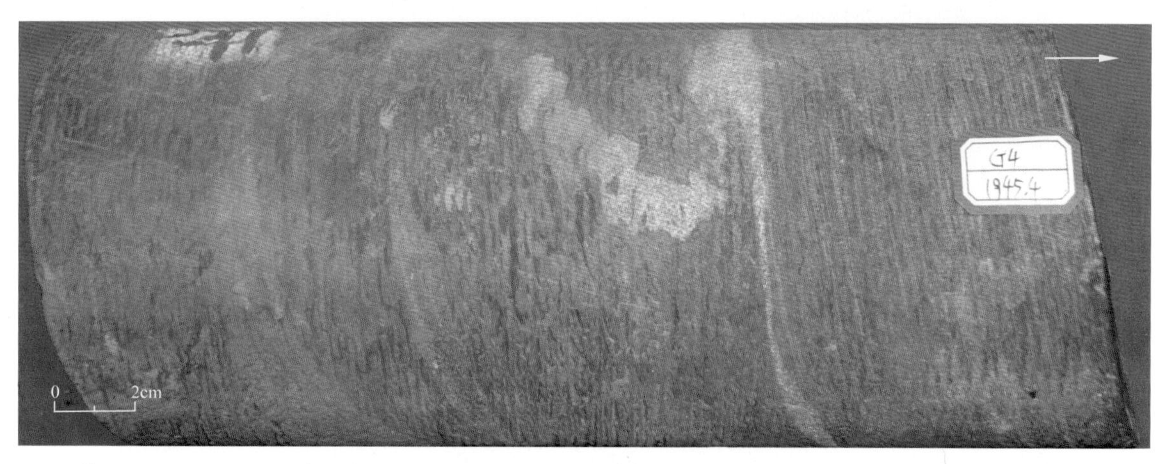

E井，1945.4m，山1段灰黑色泥岩中可见由于重力滑塌作用形成的液化变形构造，泥岩中发育水平纹层

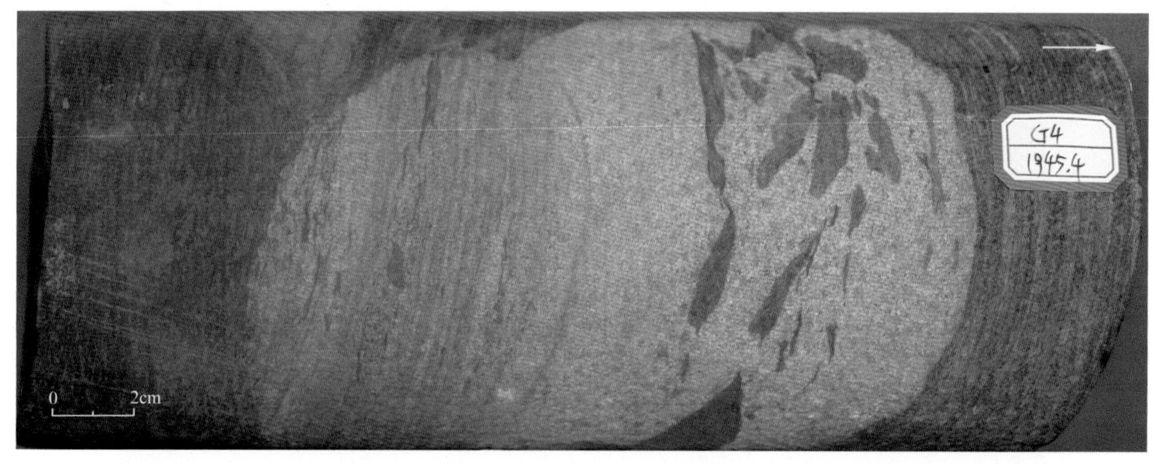

E井，1945.4m，山1段灰黑色泥岩中可见由于重力滑塌作用形成的砂岩团块，且砂岩中可见泥岩撕裂屑

E 井，1944.6m，山 1 段水下分流河道灰白色砂岩发育正粒序，底部较粗碎屑部分可见冲刷泥砾

E 井，1944.1m，山 1 段三角洲前缘席状砂灰白色砂岩发育平行泥质纹层

E 井，1942.0m，山 1 段水下分流间湾灰黑色泥岩中发育透镜状层理，说明仍受到较强的潮汐作用

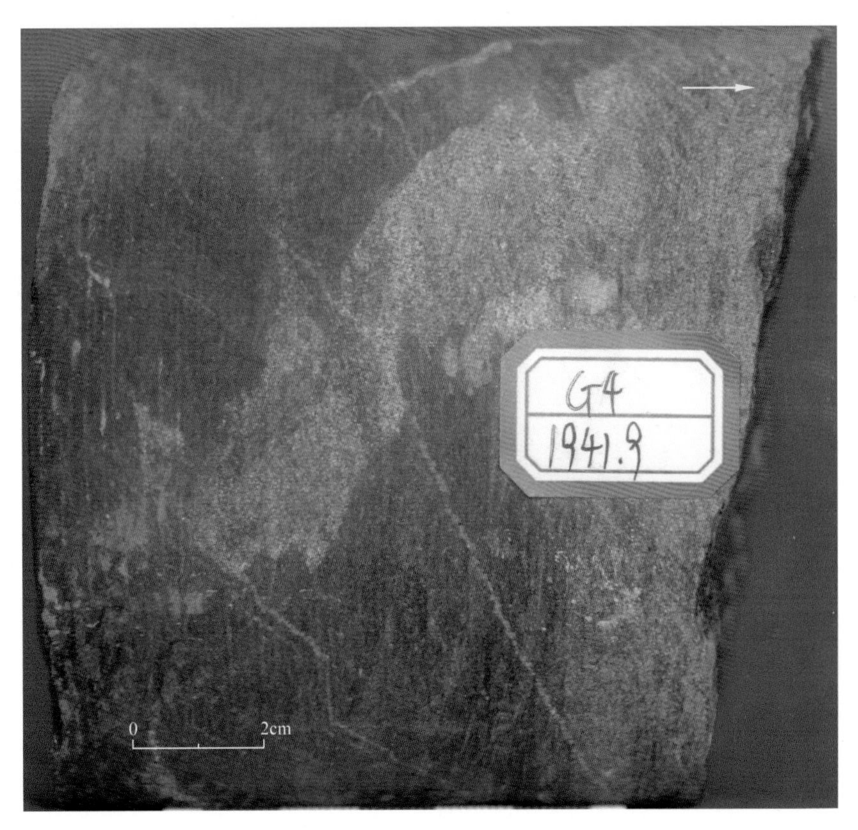

E井，1941.9m，山 1 段水下分流间湾灰黑色泥岩中发育液化变形构造

E井，1934.1m，山 1 段上部灰白色砂岩中发育砂纹层理，下部灰黑色砂岩发育平行层理，颜色变化与泥质和有机质含量有关

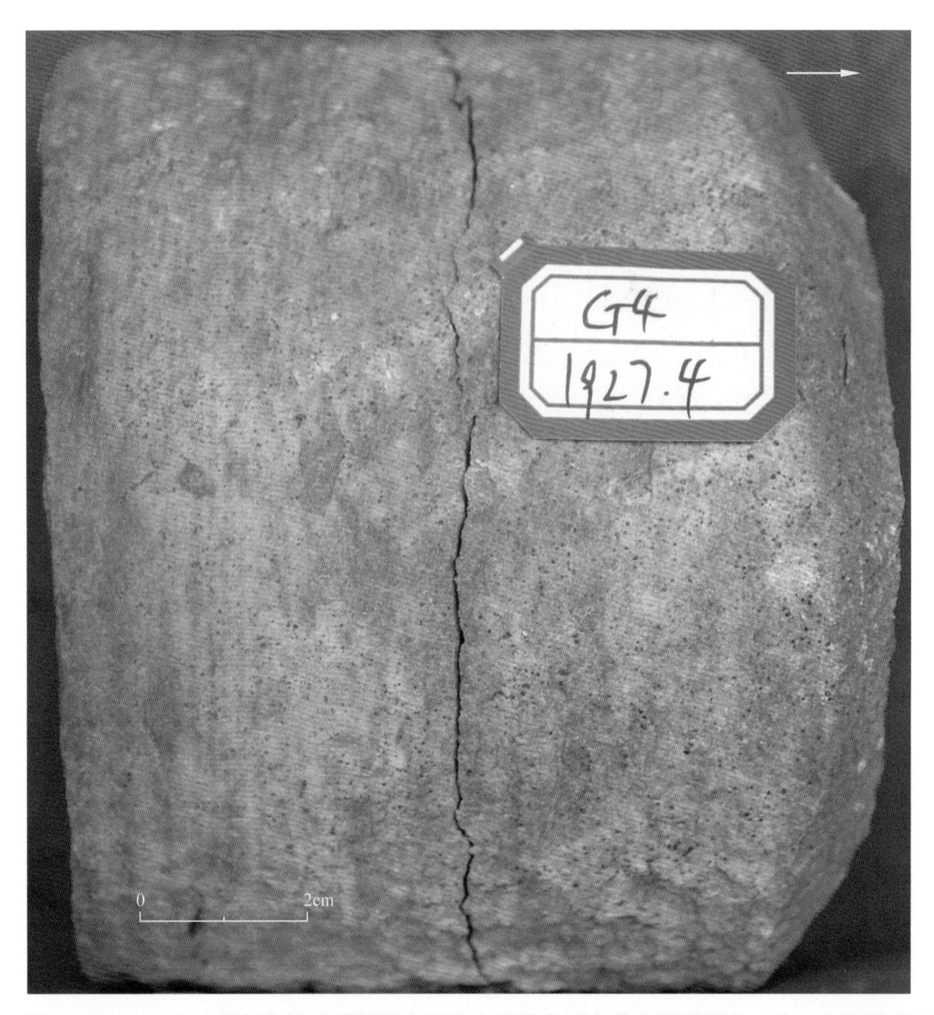

E井，1927.4m，山1段灰色粉砂质泥岩中可见大量黑色星点状有机质斑点，为生物扰动痕迹

E井，1927.1m，山1段水下分流间湾灰黑色泥岩中发育水平纹层

E 井，1926.4m，山 1 段水下分流间湾灰黑色泥岩中可见大量植物碎屑

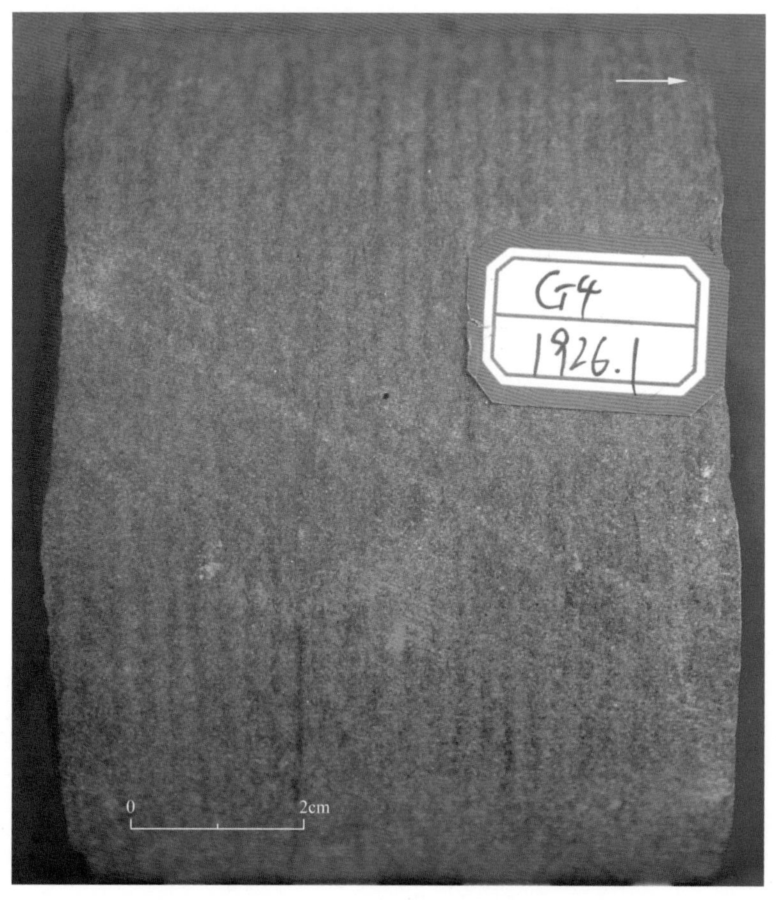

E 井，1926.1m，山 1 段水下分流河道深灰色粉砂岩

E 井，1924.5m，山 1 段深灰色粉砂质泥岩可见大量黑色星点状有机质斑块，为生物扰动痕迹

G 井，1507.78m，山 1 段分流间湾灰绿色粉砂质泥岩中可见大量黑色星点状有机质斑块

G 井，1503.02m，山 1 段分流河道灰白色粗粒石英砂岩，由于钾长石含量较高反映出浅肉红色

G 井，1495.6m，山 1 段分流河道灰色粗粒石英砂岩，发育板状交错层理

第八章　典型显微照片图版

第一节　本溪组典型薄片照片

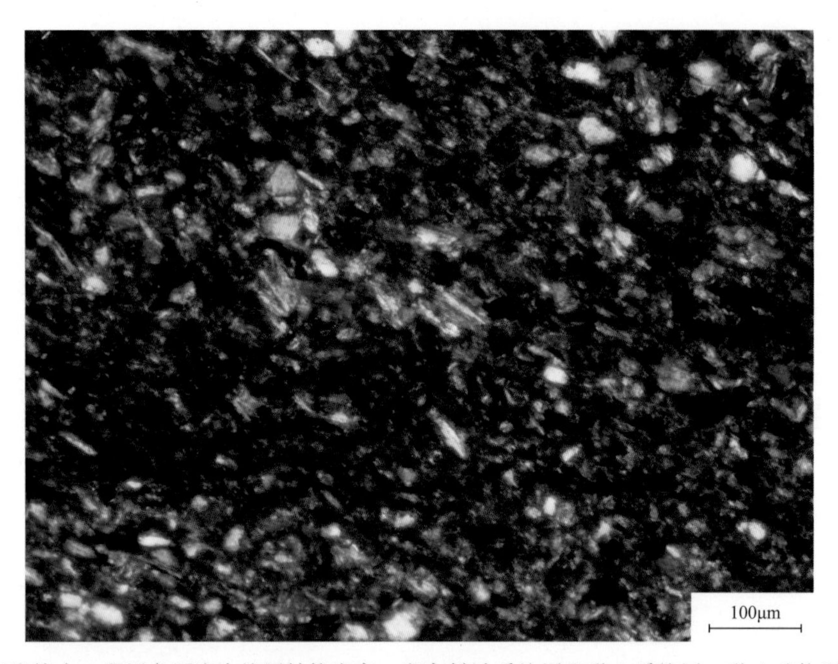

柳林成家庄上石炭统本 2 段黑色页岩中纹层结构发育，发育粉砂质纹层和黏土质纹层，黏土矿物混杂黑色有机质；正交偏光

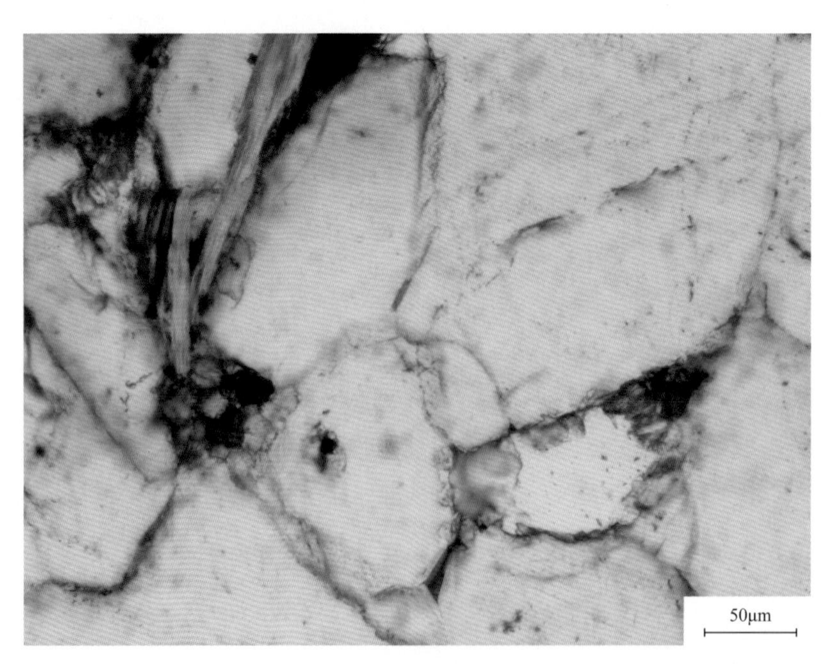

柳林成家庄上石炭统本 2 段顶部砂岩石英次生加大，菱铁矿主要填充在粒间孔中，部分发生溶蚀；单偏光

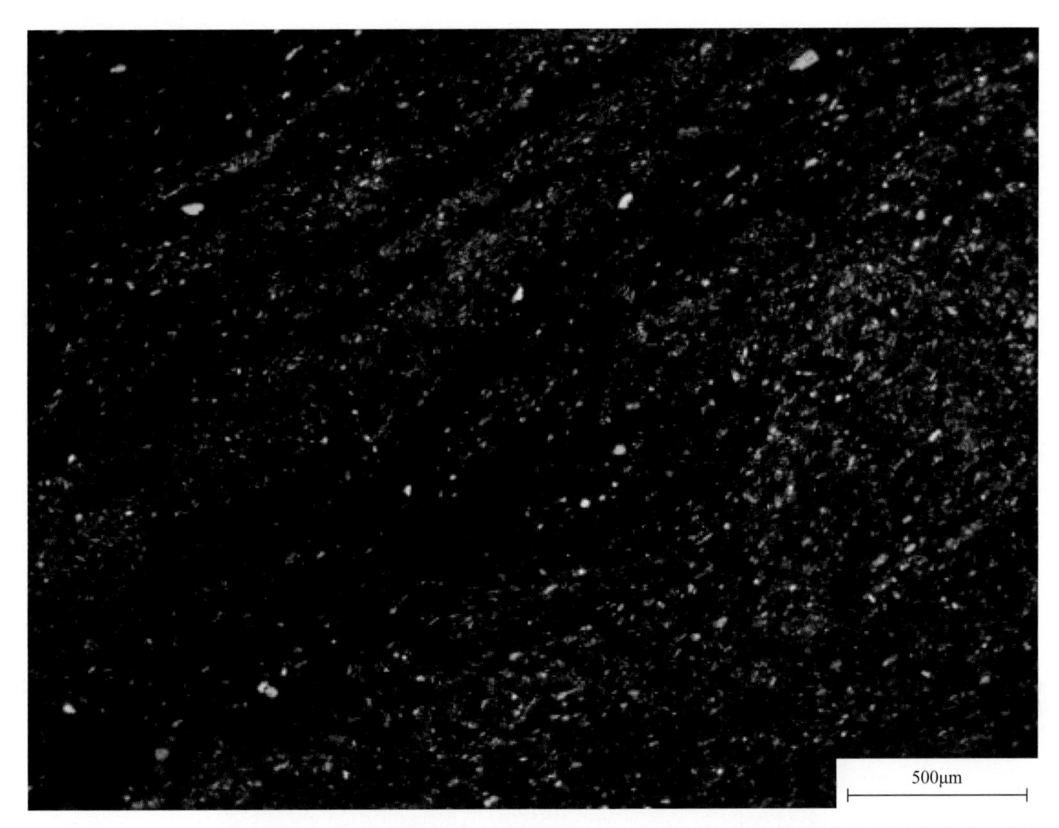

I井，2210.47m，本1段潟湖相黑色粉砂质页岩，粉砂碎屑物、有机质与黏土物质形成纹层状构造，纹层呈水平状或微波状；正交偏光

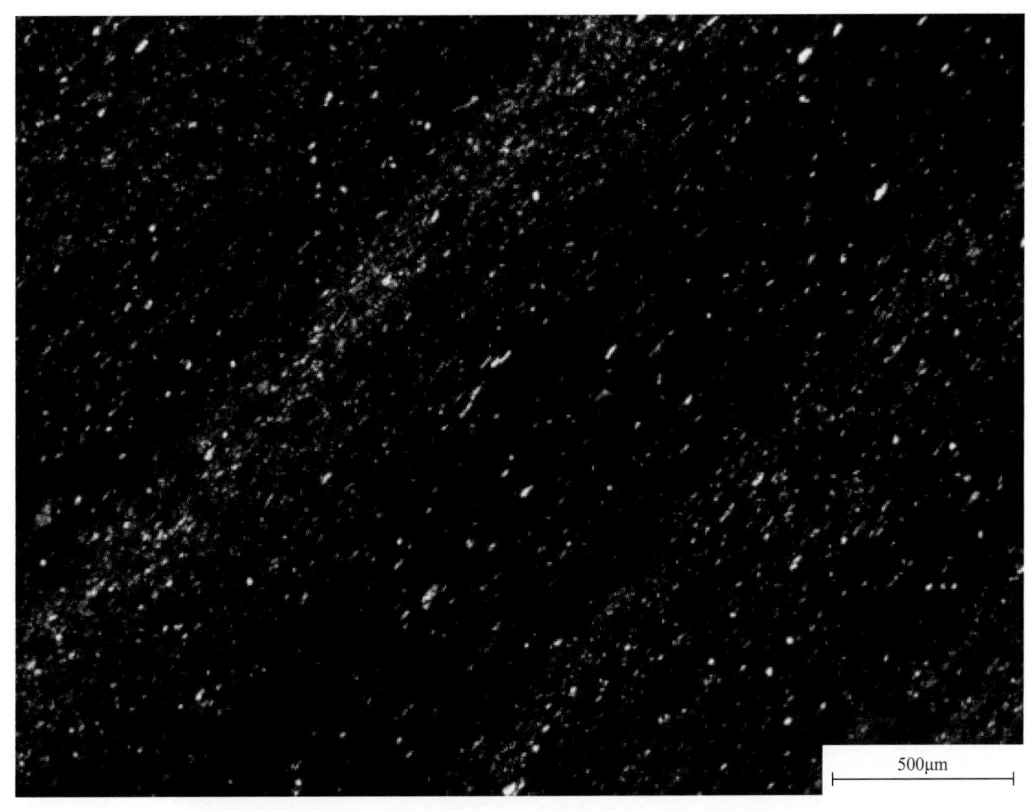

I井，2209.71m，本1段潟湖相黑色页岩黏土矿物和碎屑物质呈微层状定向排列，有机质呈黑色粉末状集合体，附着于黏土矿物表面或呈黑色有机质条带分布；正交偏光

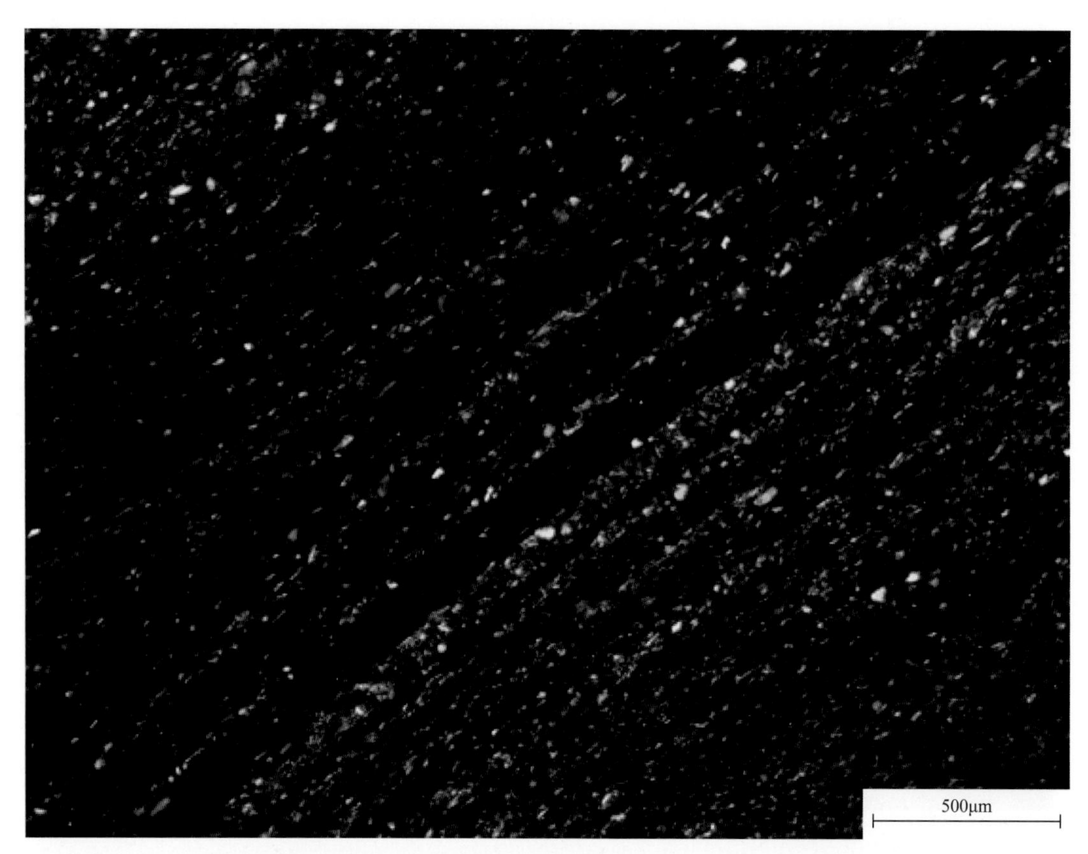

I井，2209.00m，本1段潟湖相黑色页岩发育水平纹层，粉砂质矿物、黏土矿物和有机质呈明暗相间纹层；正交偏光

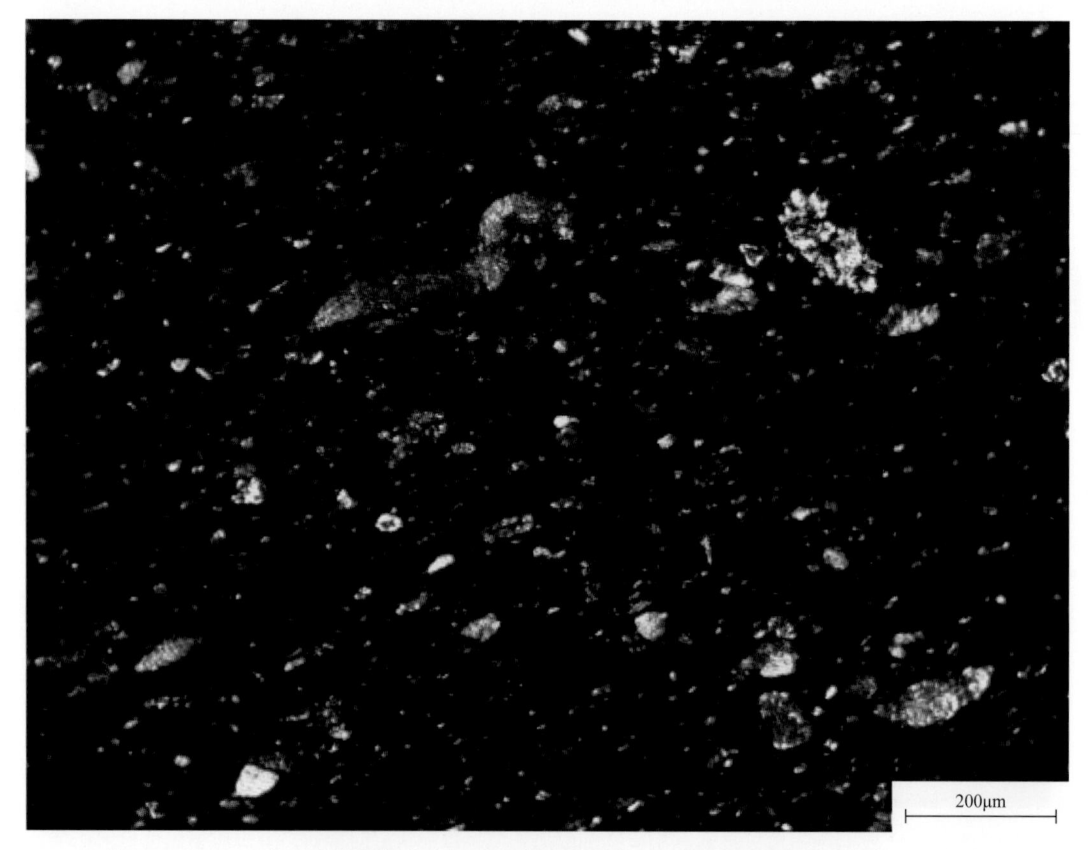

I井，2207.58m，本1段潟湖相含有机质生物碎屑页岩，生物碎屑被黄铁矿交代；正交偏光

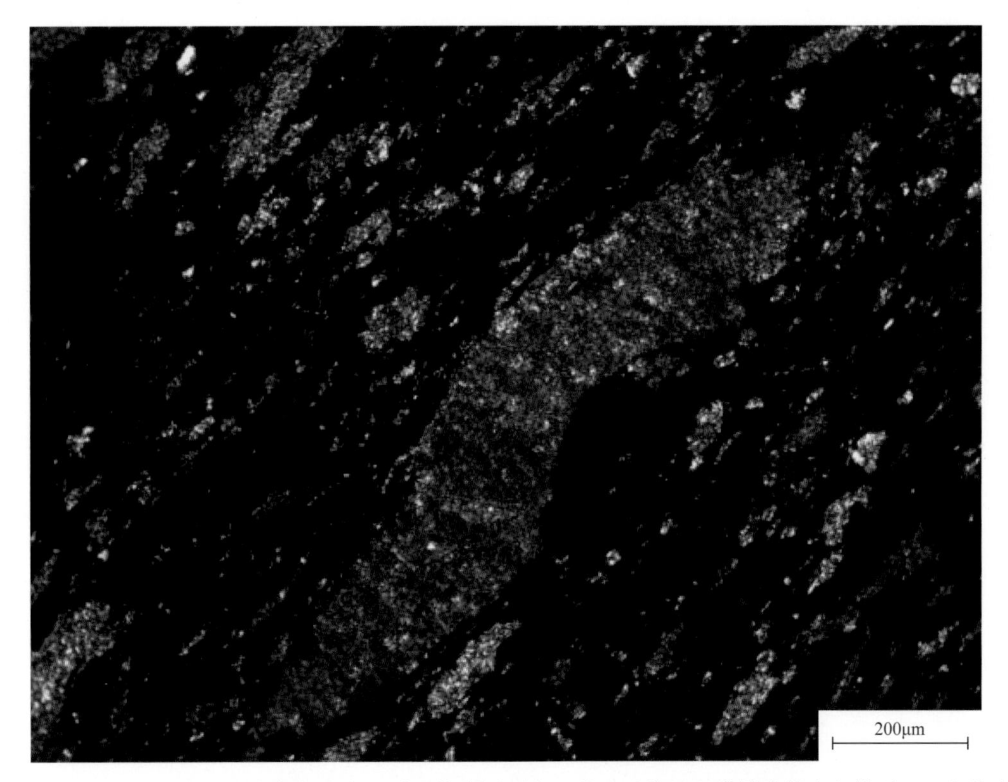

I 井，2199.37m，本 1 段潟湖相含有机质生物碎屑页岩，黏土矿物呈显微鳞片状定向排列；正交偏光

第二节　太原组典型薄片照片

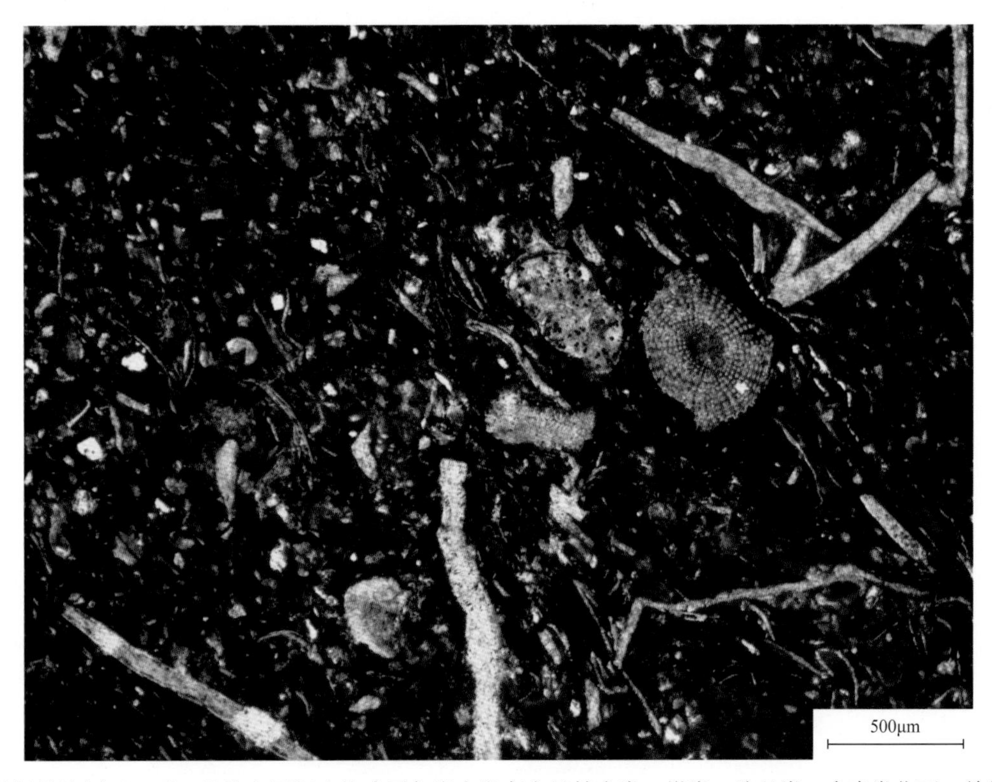

保德扒楼沟剖面，下二叠统太原组生物碎屑灰岩中发育大量棘皮类、蜓类、腕足类、介壳类化石；单偏光

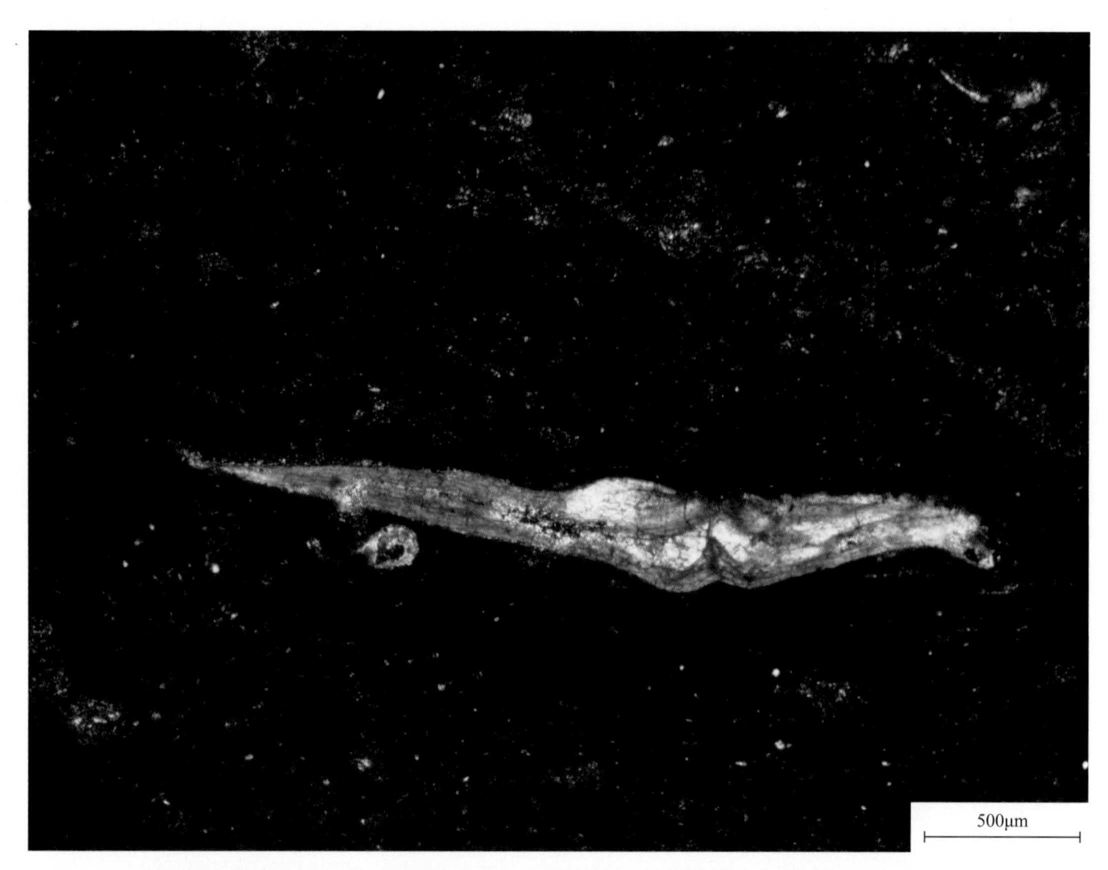

保德扒楼沟剖面，下二叠统太原组生物碎屑灰岩中见腕足类生物碎屑；正交偏光

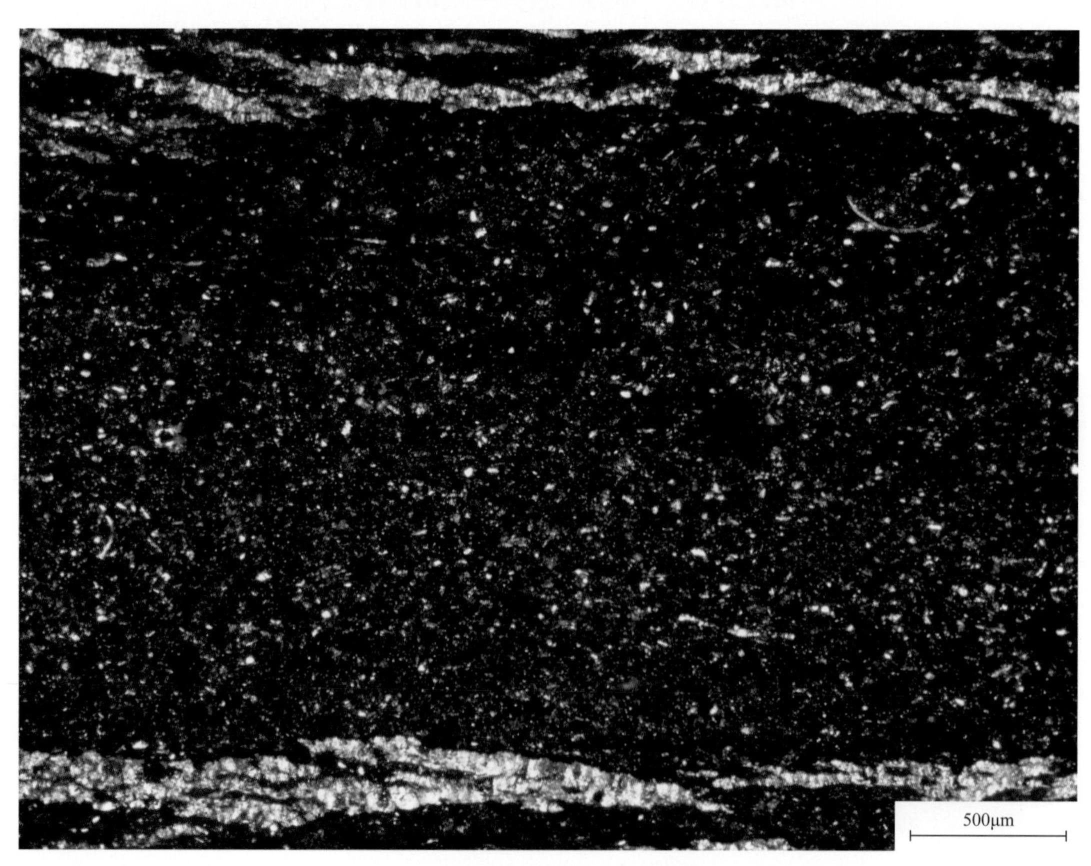

保德扒楼沟剖面，下二叠统太原组海相黑色页岩发育水平剪切裂缝，后期被方解石胶结；正交偏光

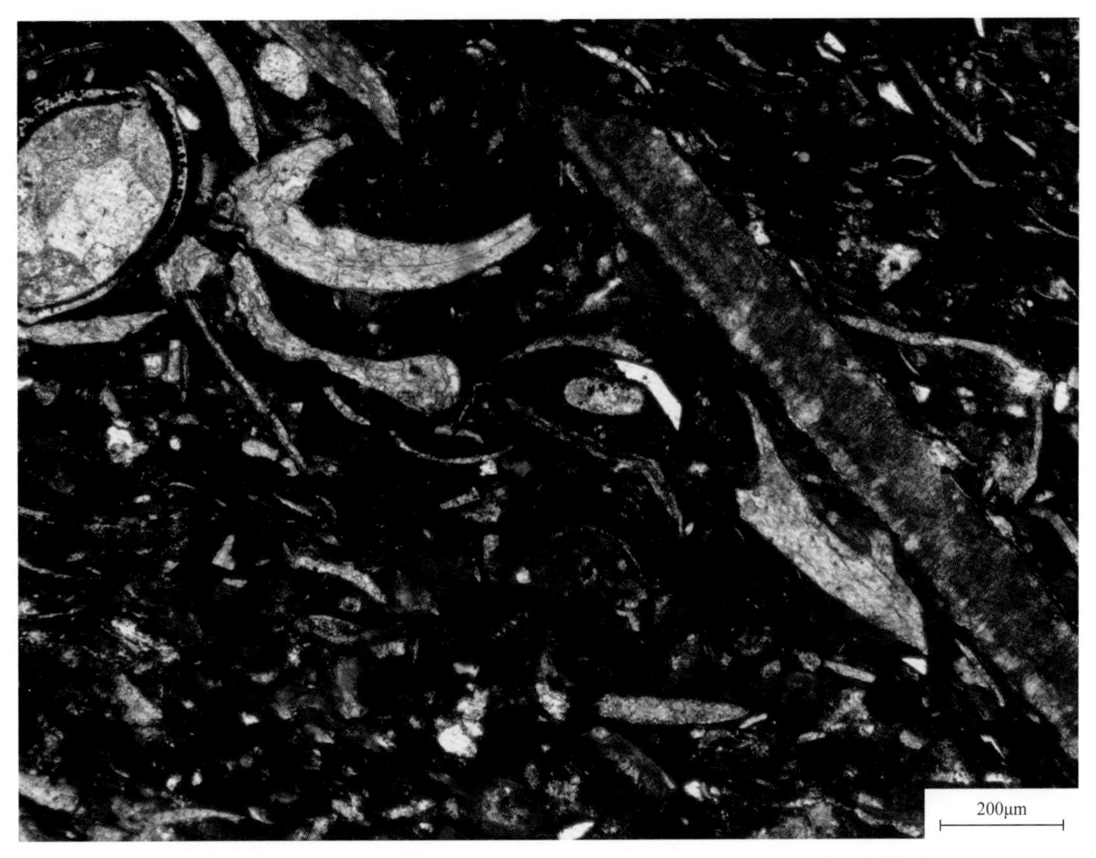

保德扒楼沟剖面，下二叠统太原组生物碎屑灰岩中见介形虫碎屑等；单偏光

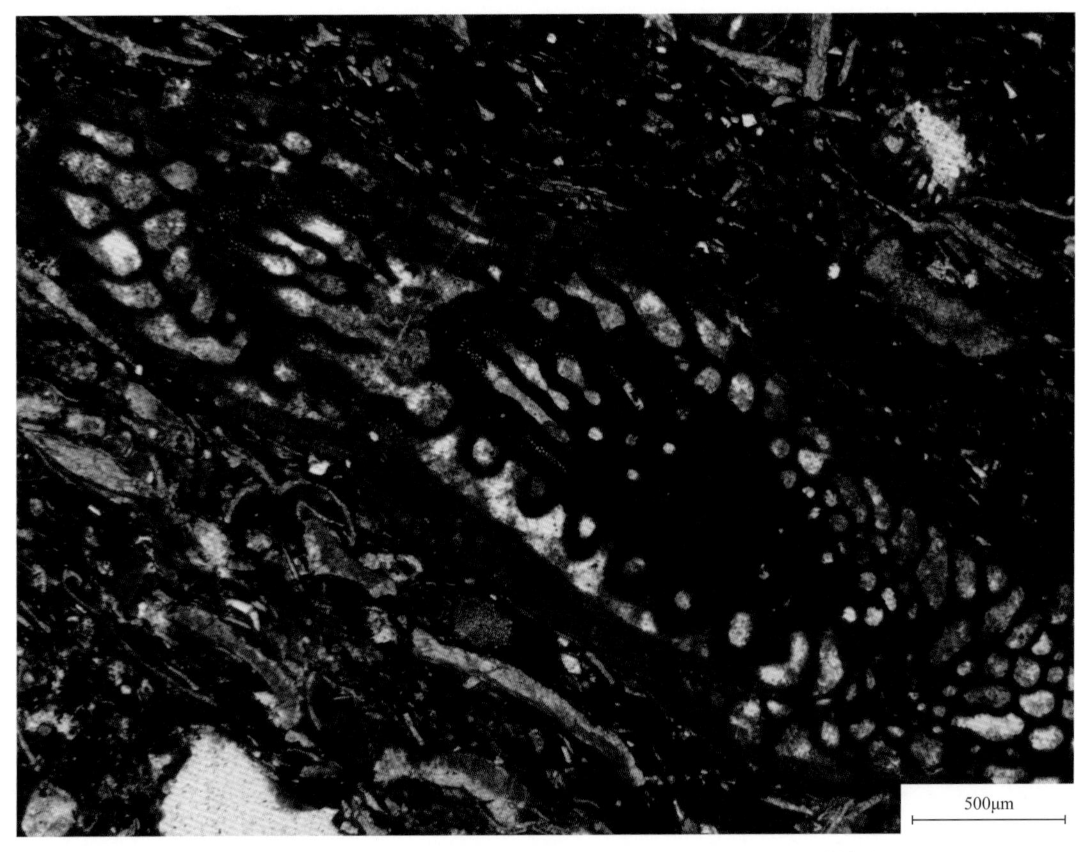

保德扒楼沟剖面，下二叠统太原组叠锥灰岩中见蜓类化石；单偏光

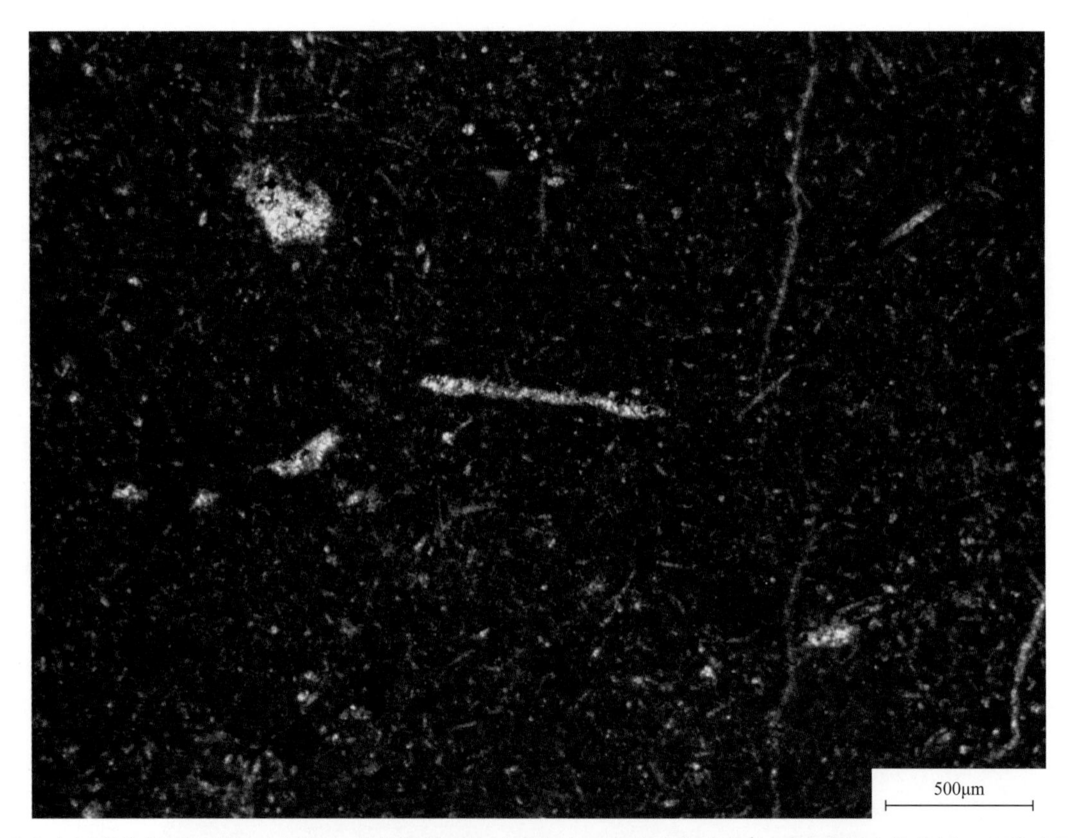

柳林成家庄河道底部下二叠统太原组灰黄色泥晶生物碎屑灰岩（东大窑灰岩）中可见大量生物碎屑，生物碎屑部分发生硅化和白云石化；正交偏光

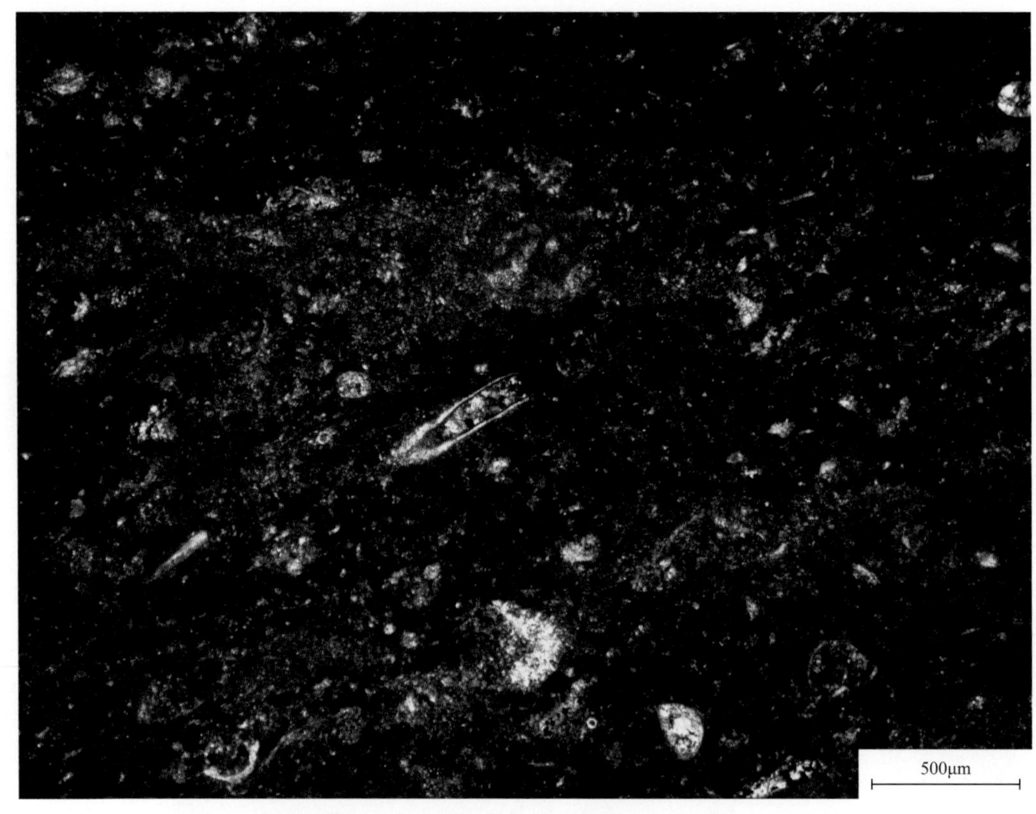

柳林成家庄下二叠统太原组灰黄色泥晶生物碎屑灰岩（东大窑灰岩），生屑颗粒重结晶强烈，以腕足类碎片和介形虫为主；正交偏光

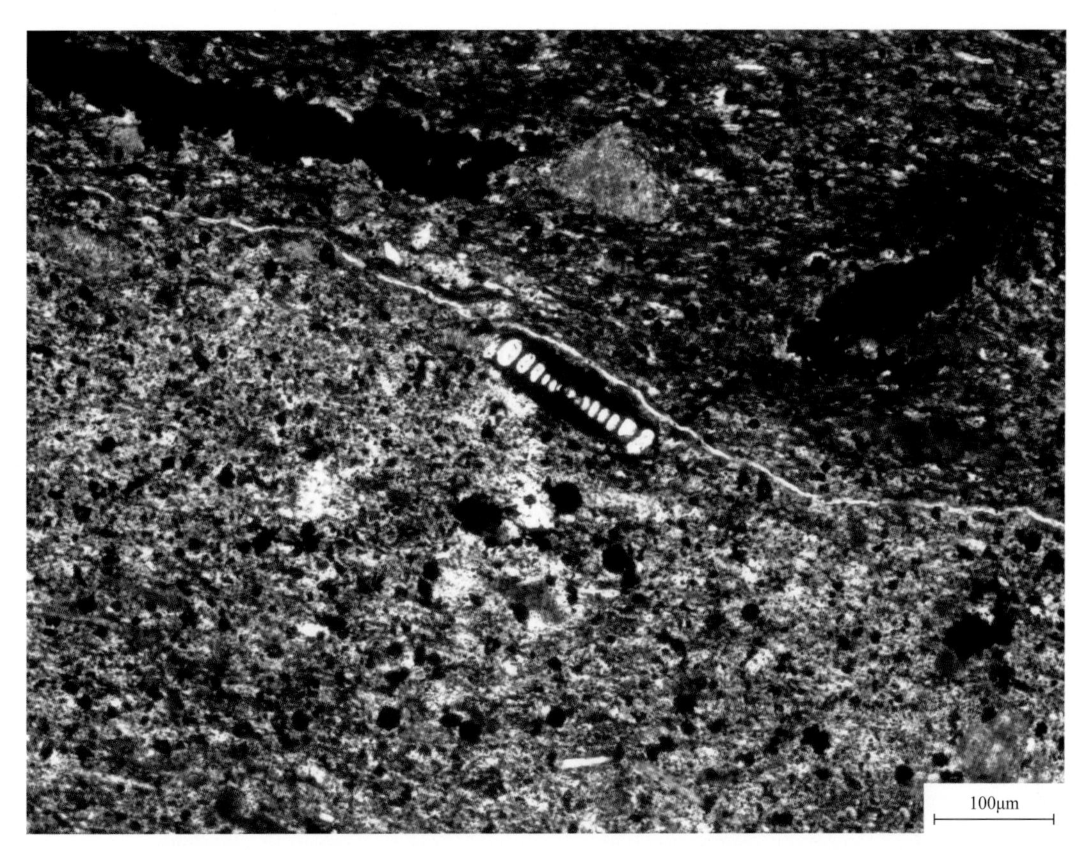

柳林成家庄下二叠统太原组灰黄色含灰泥岩，含大量生物碎屑，生物碎屑以腕足类、有孔虫为主；单偏光

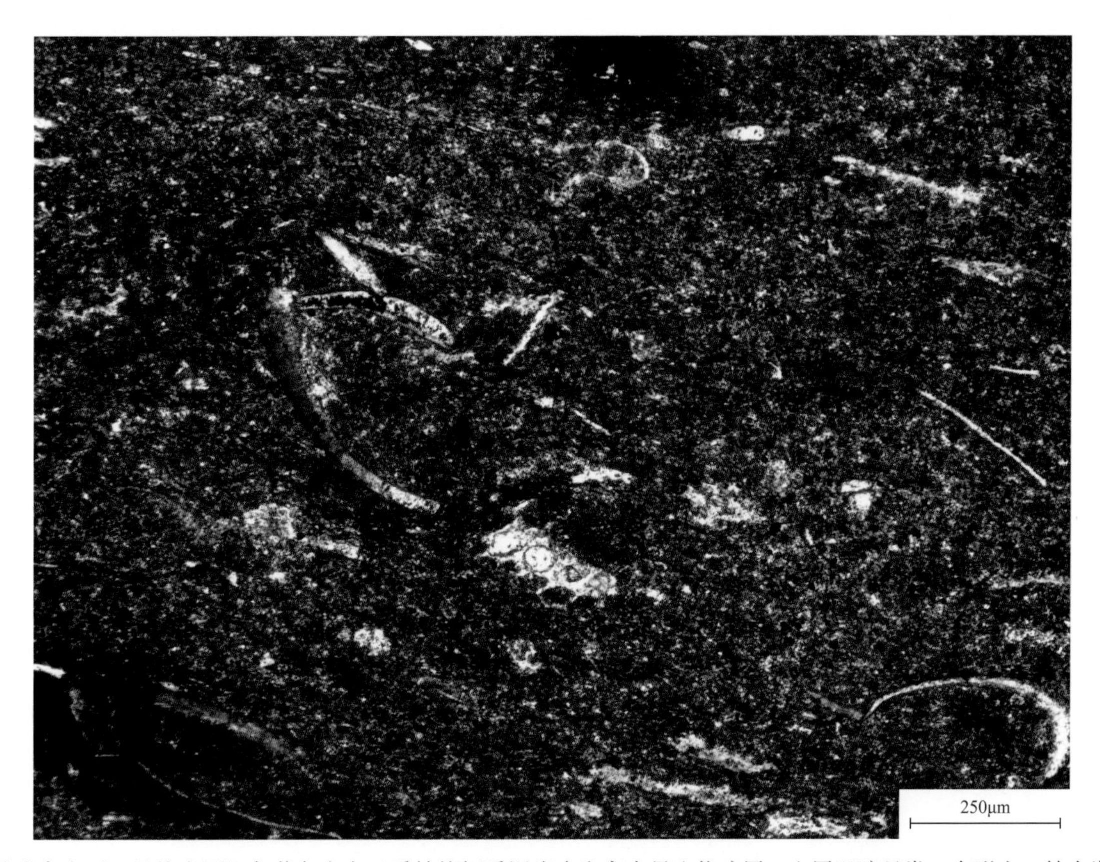

柳林成家庄下二叠统太原组灰黄色含白云质结核钙质泥岩中发育大量生物碎屑，生屑以腕足类、介形虫、棘皮类和有孔虫等为主；单偏光

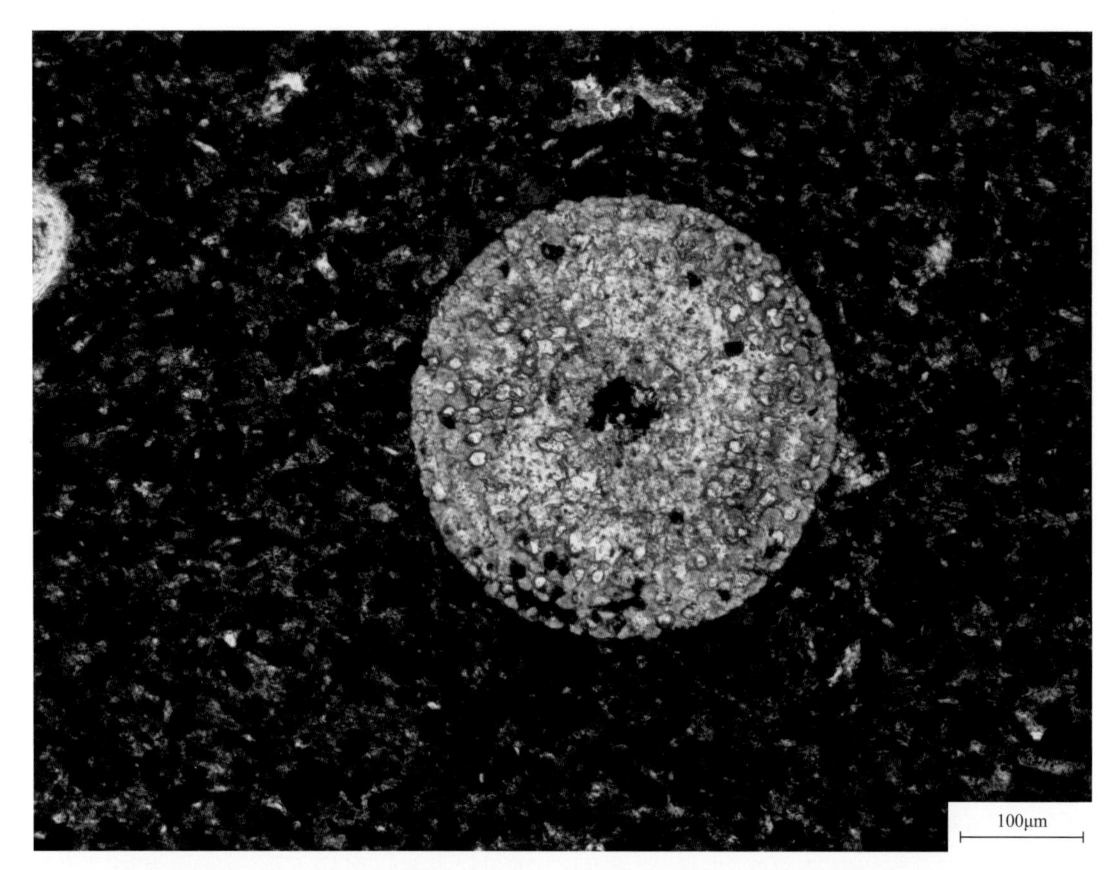

柳林成家庄剖面下二叠统太原组灰黄色含白云质结核钙质泥岩中可见䗴类碎屑；正交偏光

柳林成家庄剖面下二叠统太原组灰黄色含白云质结核钙质泥岩中见介形虫介壳，已发生重结晶作用；正交偏光

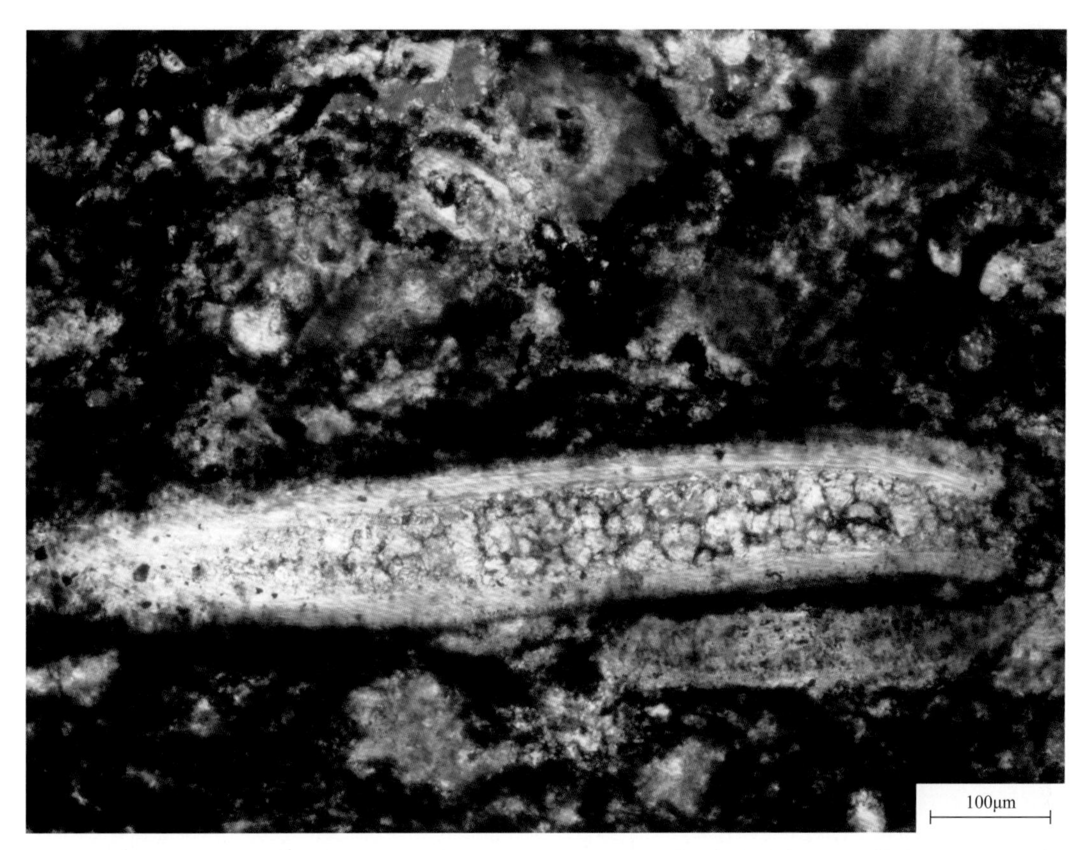

F 井，1957.89m，下二叠统太原组生物碎屑灰岩中，生物碎屑以腕足类碎片为主，重结晶强烈；正交偏光

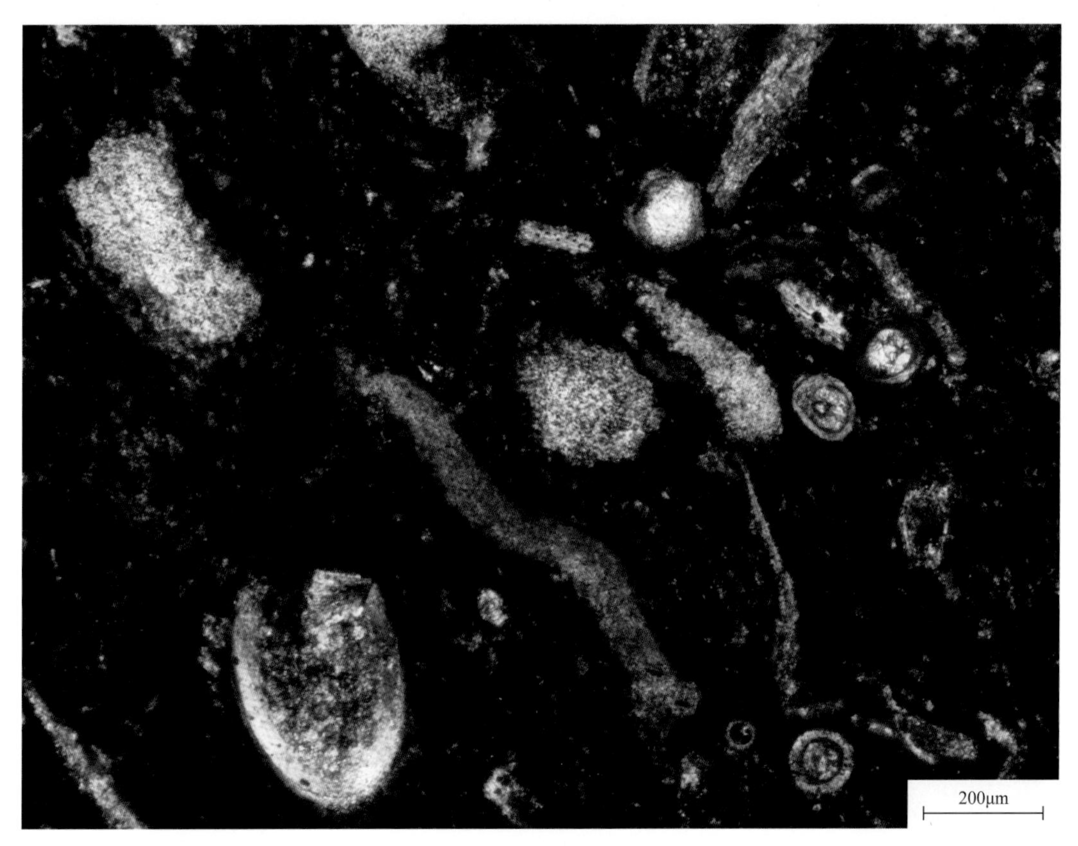

F 井，1958.23m，下二叠统太原组生物碎屑灰岩中棘皮类单晶结构的海百合茎以及介形虫碎片，重结晶作用强烈；正交偏光

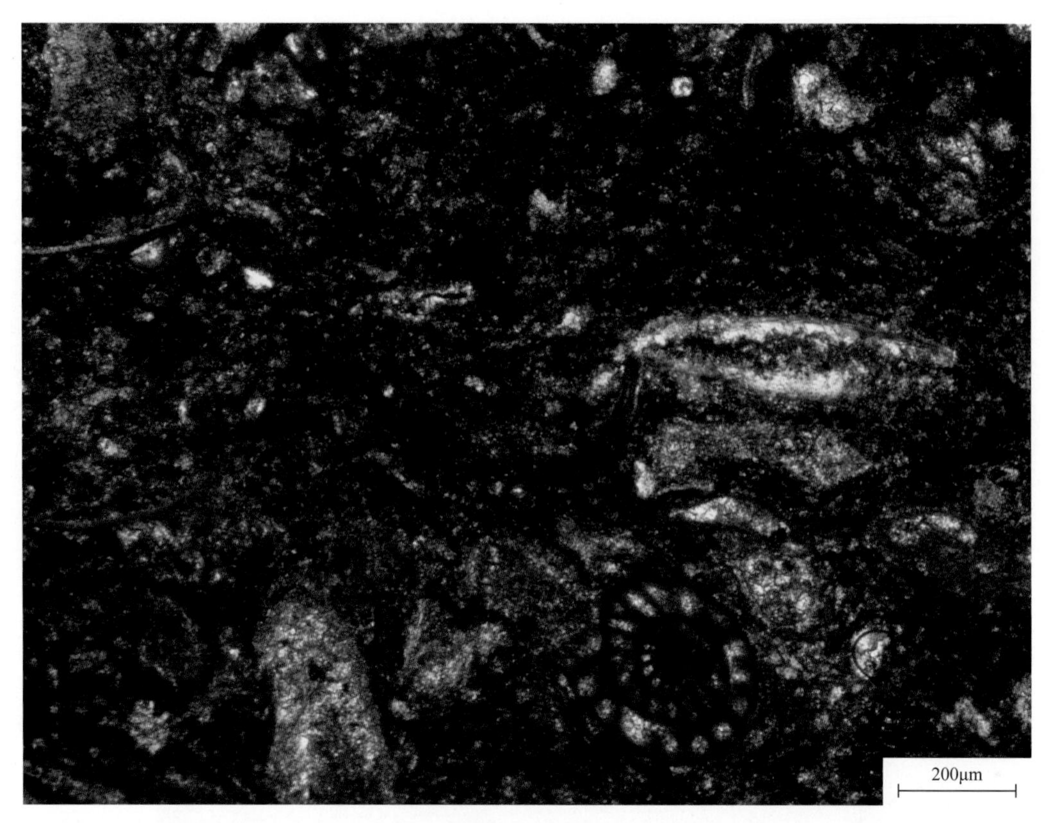

F井，1959.1m，下二叠统太原组生物碎屑灰岩中蜓类化石，外形呈纺锤状，旋壁发育，房室被亮晶方解石充填；正交偏光

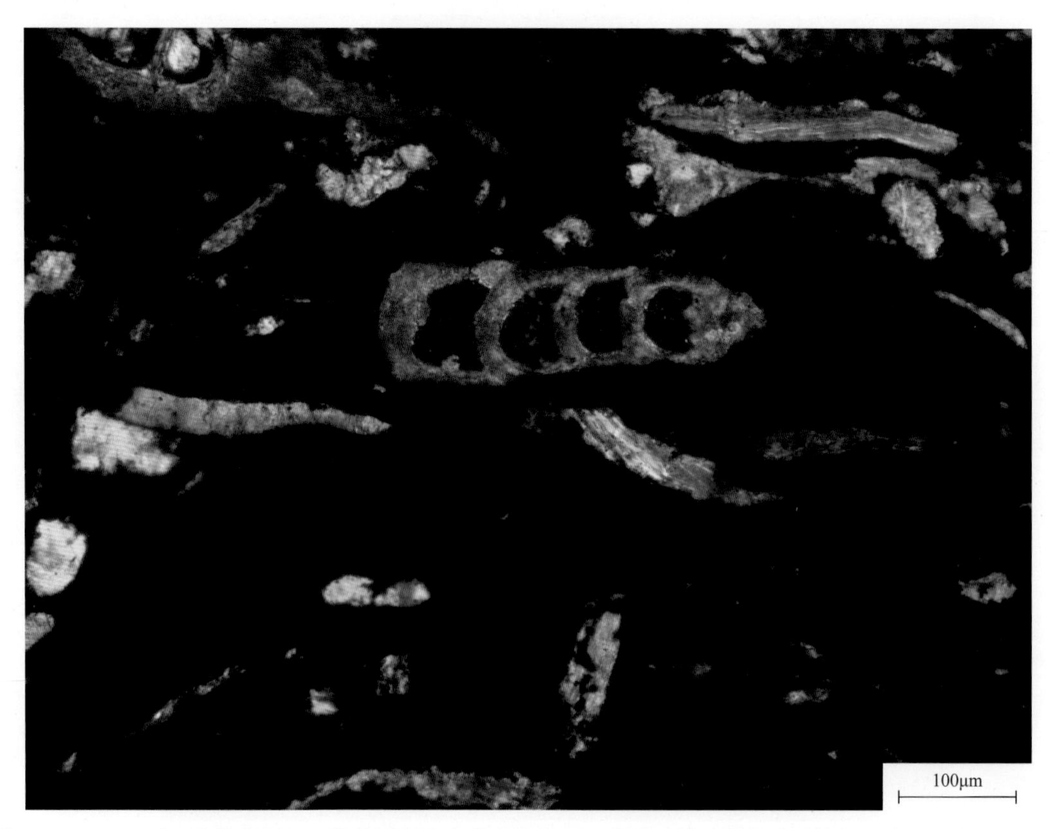

F井，1959.4m，下二叠统太原组生物碎屑灰岩中有孔虫化石，外形呈单列塔状或叠卵状，房室被方解石充填；正交偏光

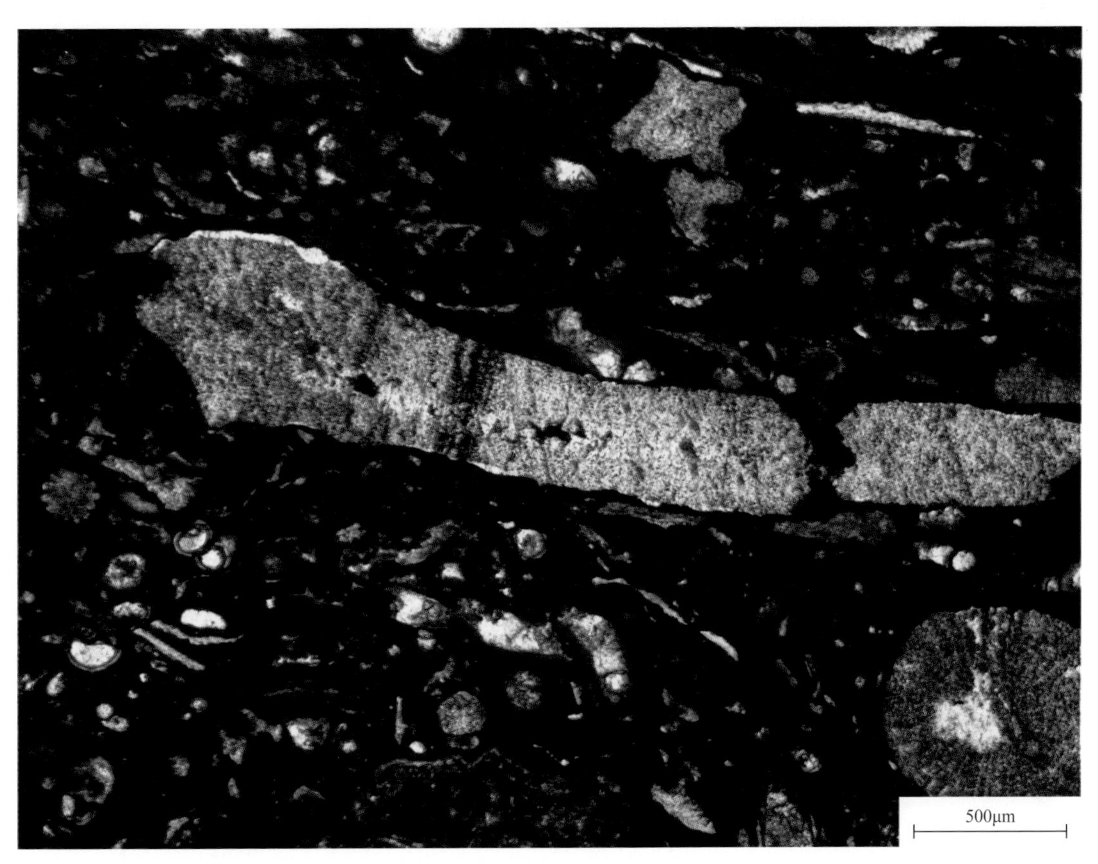

F井，1959.5m，下二叠统太原组生物碎屑灰岩中腕足类化石，虫室呈平行片状；单偏光

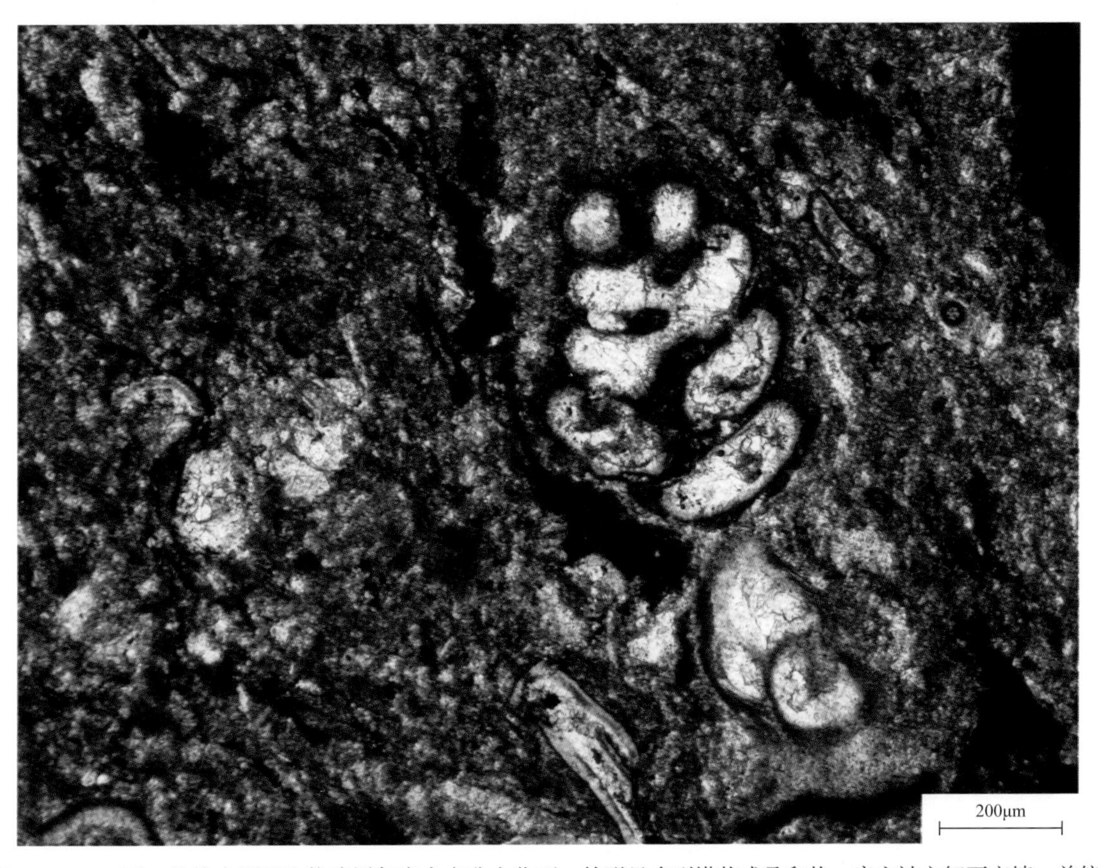

F井，1960m，下二叠统太原组生物碎屑灰岩中有孔虫化石，外形呈多列塔状或叠卵状，房室被方解石充填；单偏光

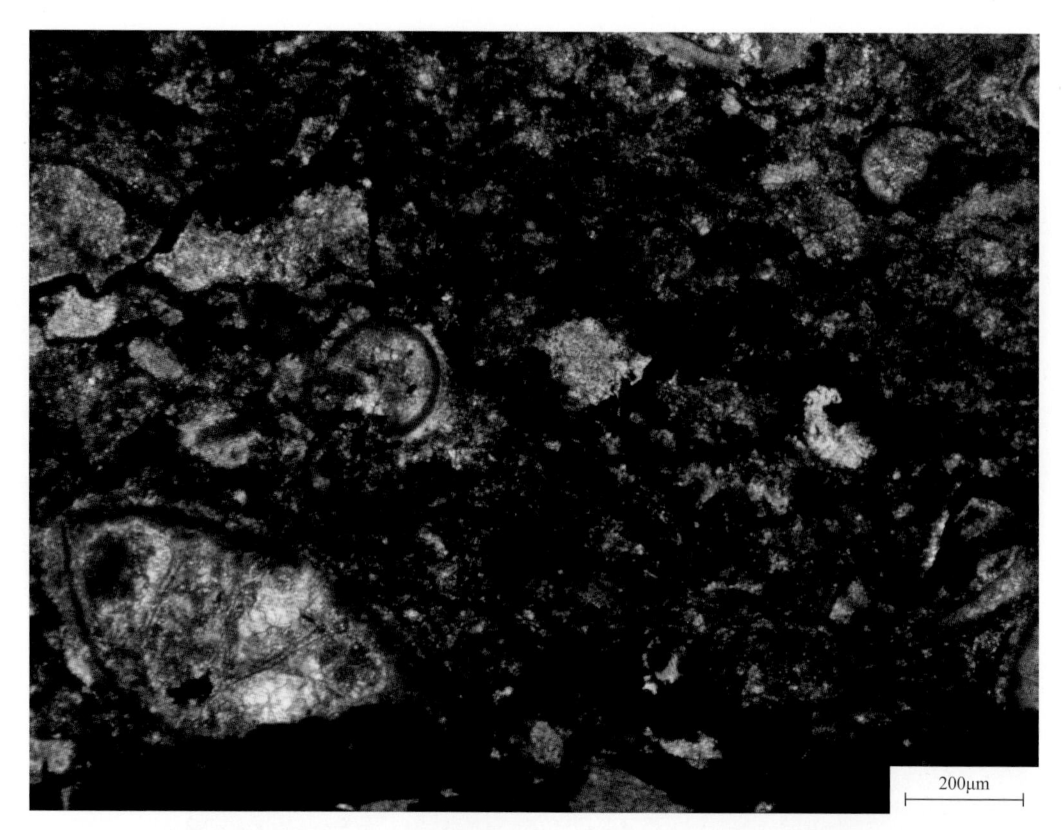

F井，1961.1m，下二叠统太原组生物碎屑灰岩中有孔虫化石，外形呈单列叠卵状，重结晶作用强烈，虫室被方解石充填；正交偏光

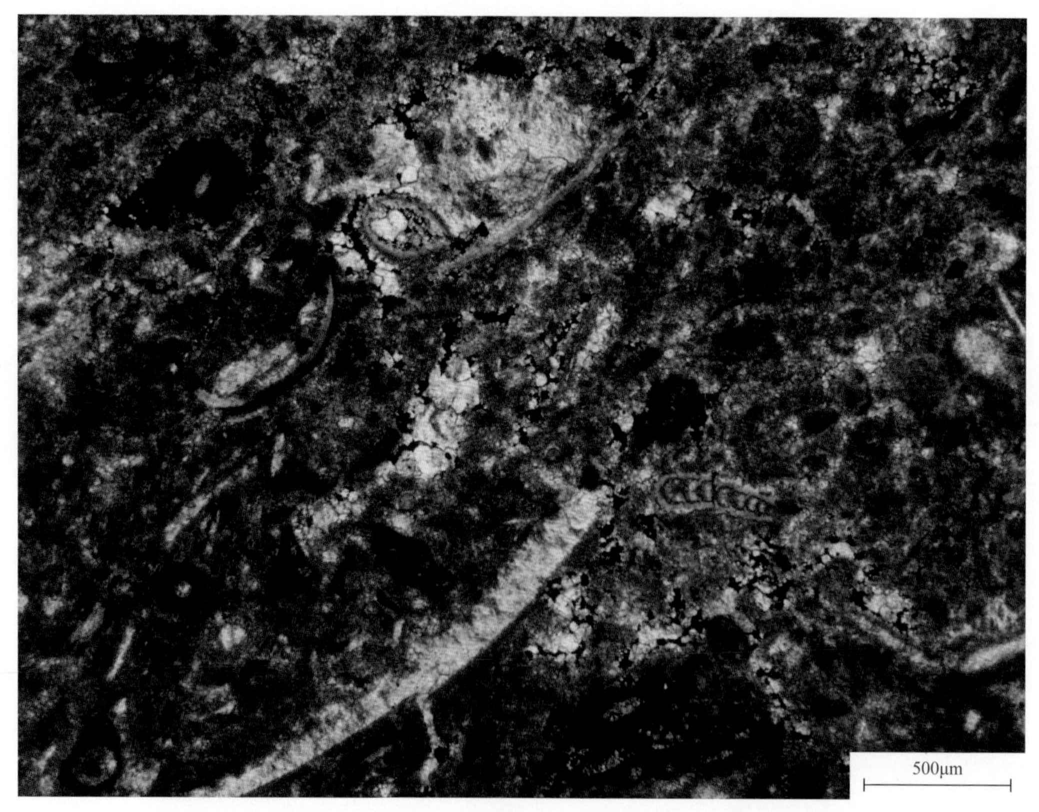

F井，1961.4m，下二叠统太原组生物碎屑灰岩中半椭圆形介形虫化石碎片、单列塔状的有孔虫化石，以及腕足类化石截面；单偏光

第三节　山西组典型薄片照片

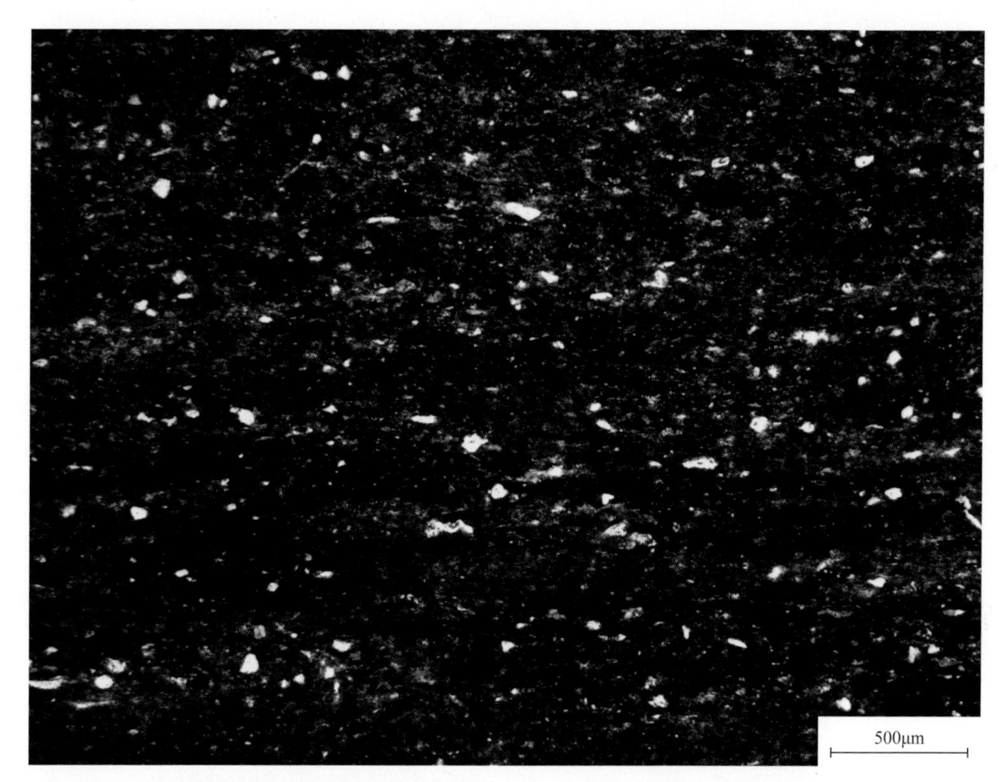

柳林成家庄剖面下二叠统山2段潟湖相黑色页岩发育水平纹层，黏土矿物呈隐晶状、鳞片状定向排列；单偏光

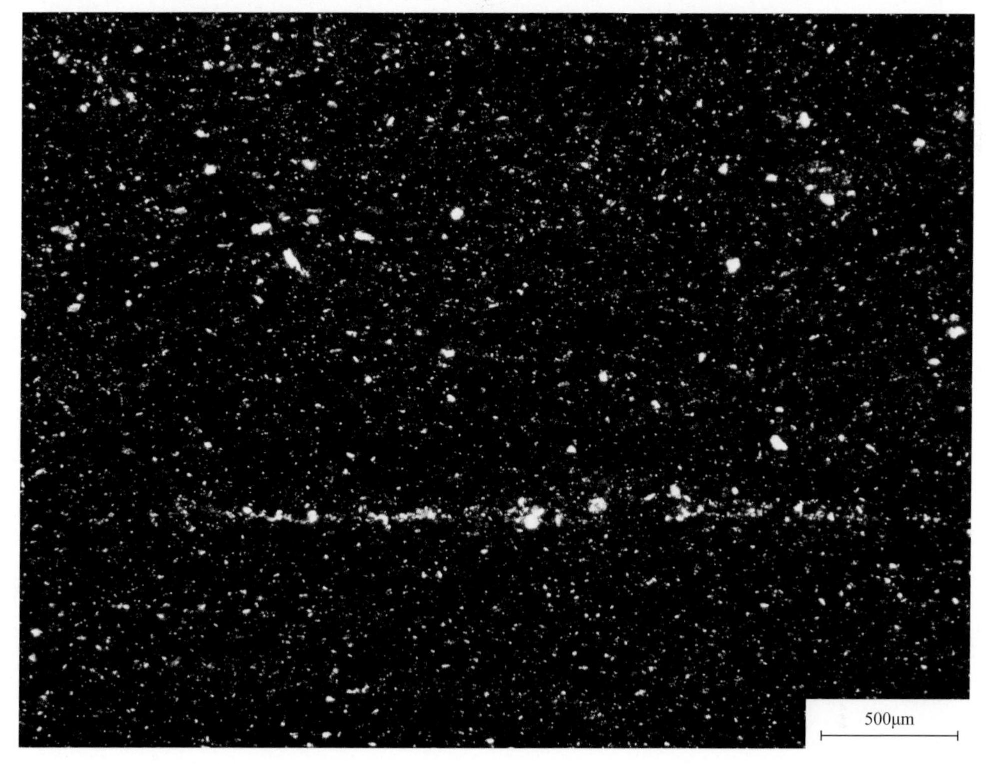

柳林成家庄剖面下二叠统山2段潟湖相黑色页岩发育水平纹层，黏土矿物呈隐晶状、鳞片状定向排列；正交偏光

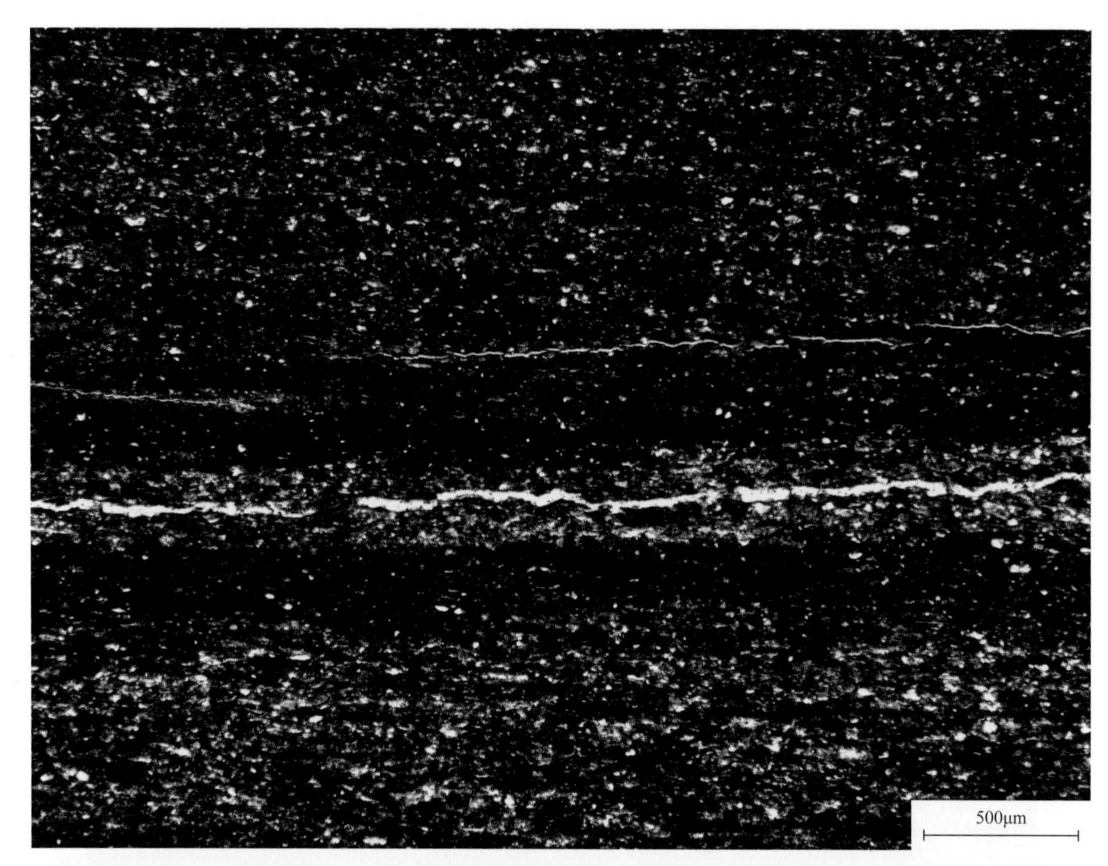

柳林成家庄下二叠统山 2 段潟湖相黑色页岩发育数层暗色水平纹层，暗色纹层主要为黏土矿物混杂黑色有机质；单偏光

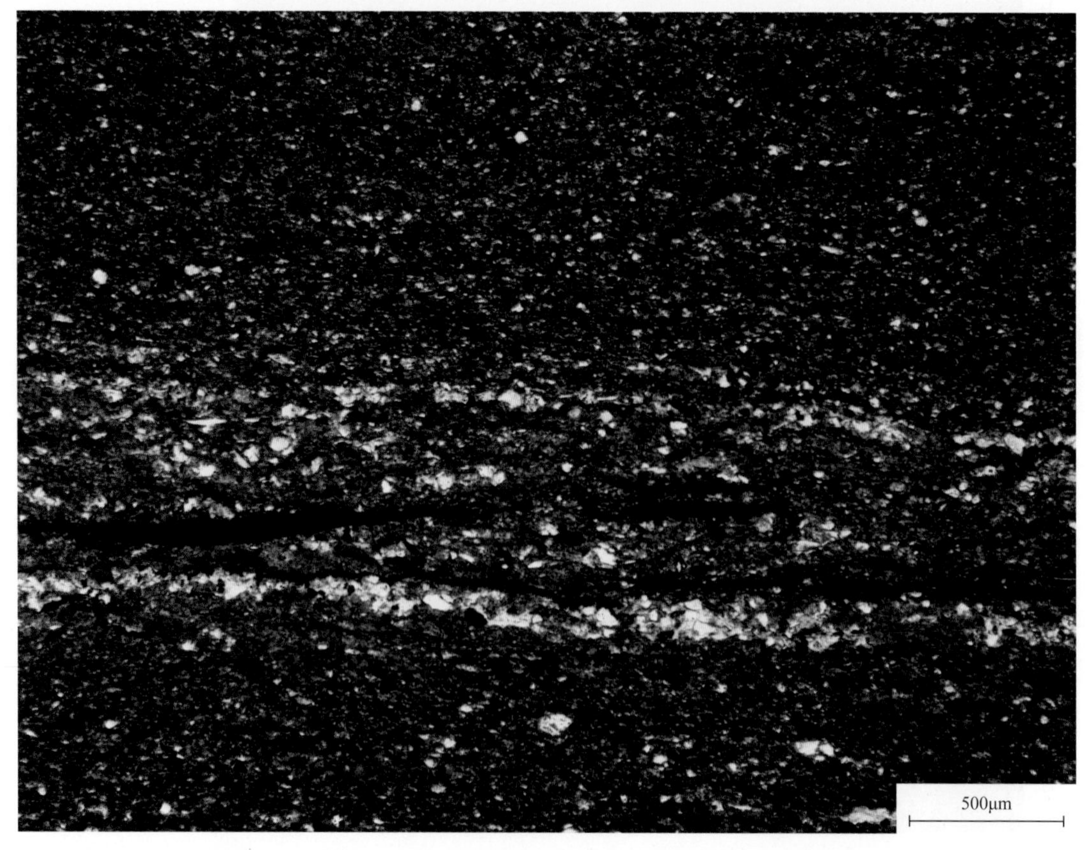

柳林成家庄下二叠统山 2 段潮坪相黑色页岩发育交错纹层，指示了底水作用下微动荡的水动力环境

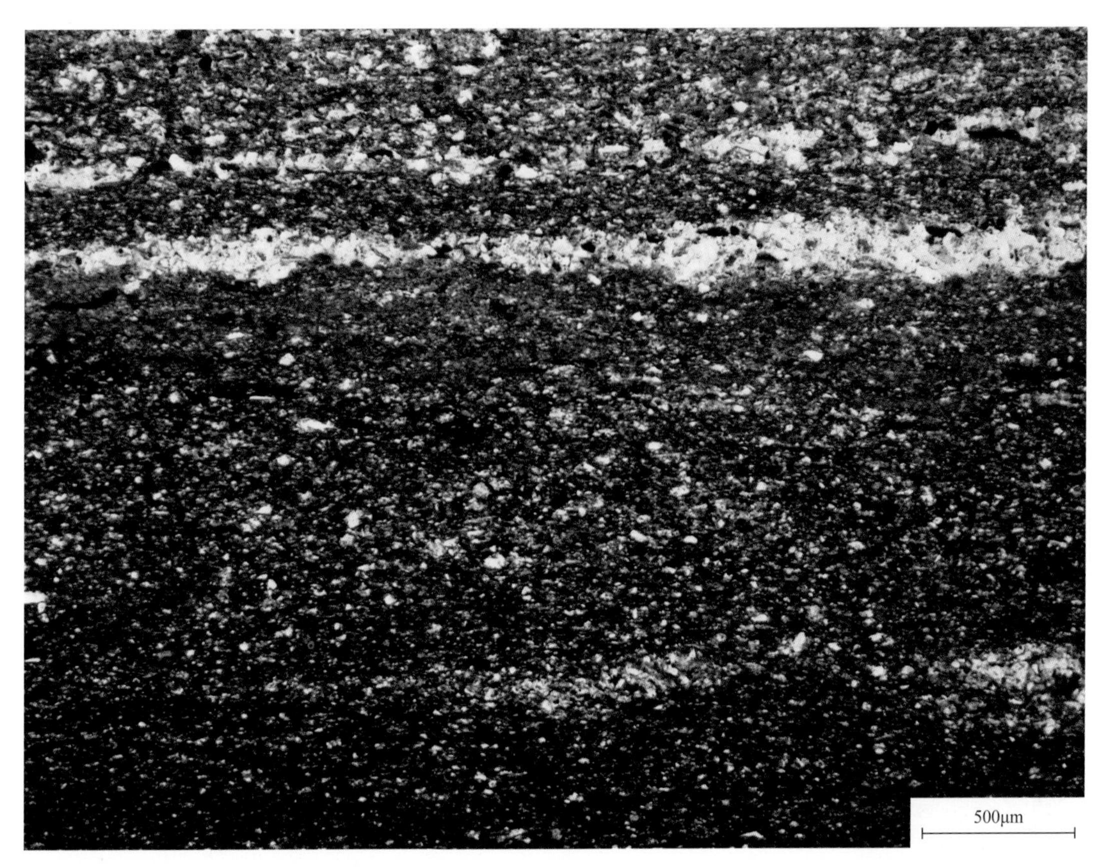

柳林成家庄下二叠统山 2 段潮坪相黑色页岩发育透镜状纹层，指示了底水作用下微动荡的水动力环境；单偏光

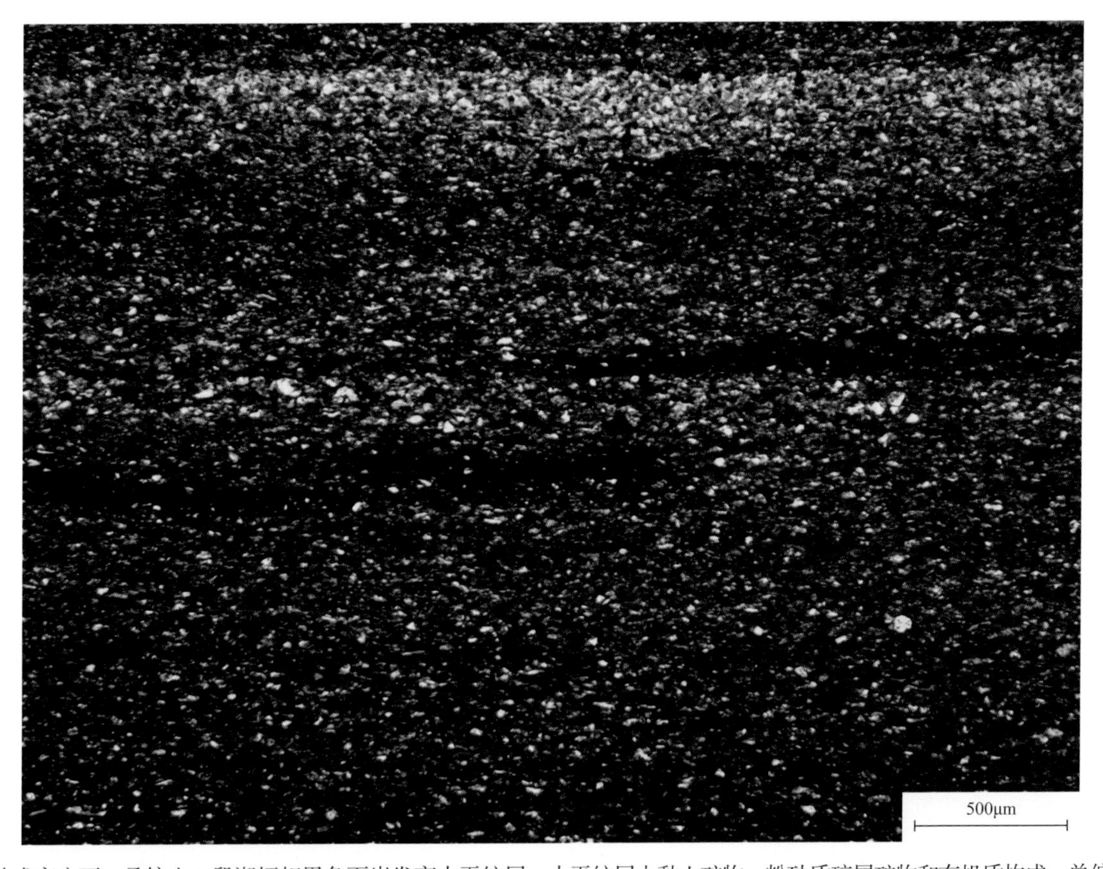

柳林成家庄下二叠统山 2 段潮坪相黑色页岩发育水平纹层，水平纹层由黏土矿物、粉砂质碎屑矿物和有机质构成；单偏光

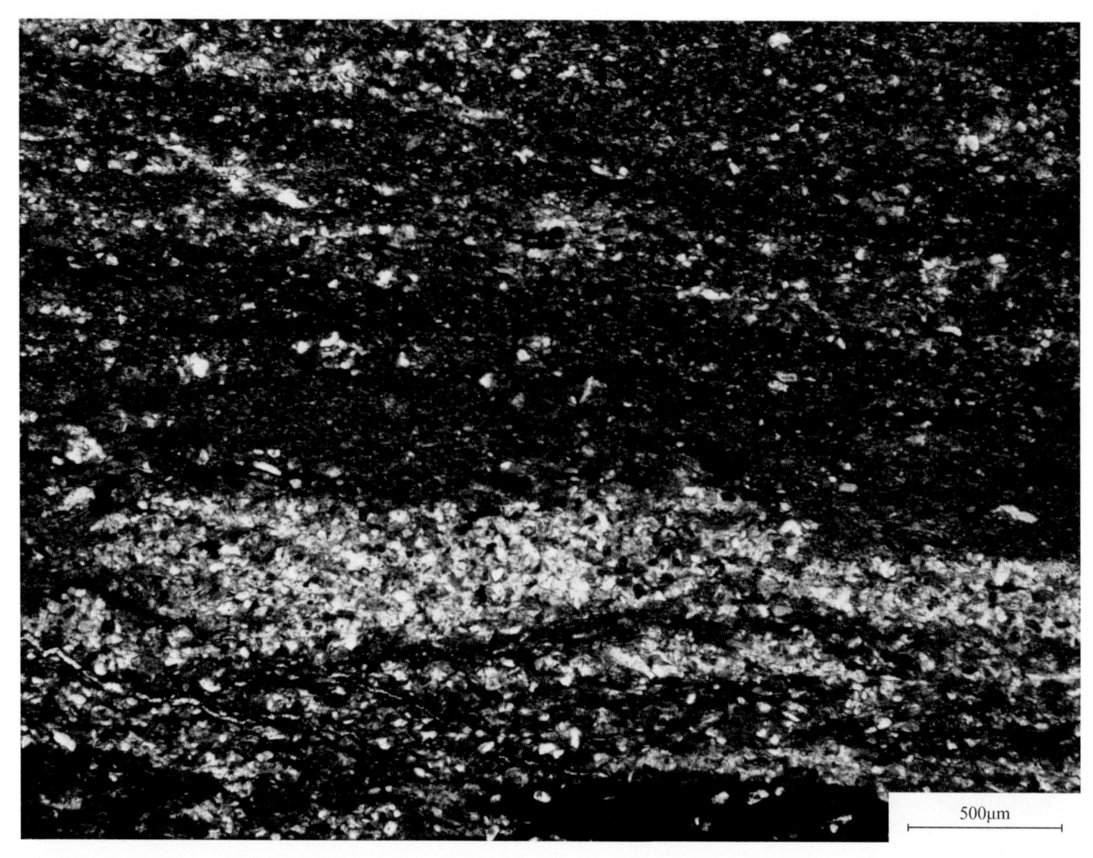

柳林成家庄下二叠统山 2 段潮坪相粉砂质页岩发育透镜状纹层，指示了潮汐作用下，动荡的水动力环境 1；单偏光

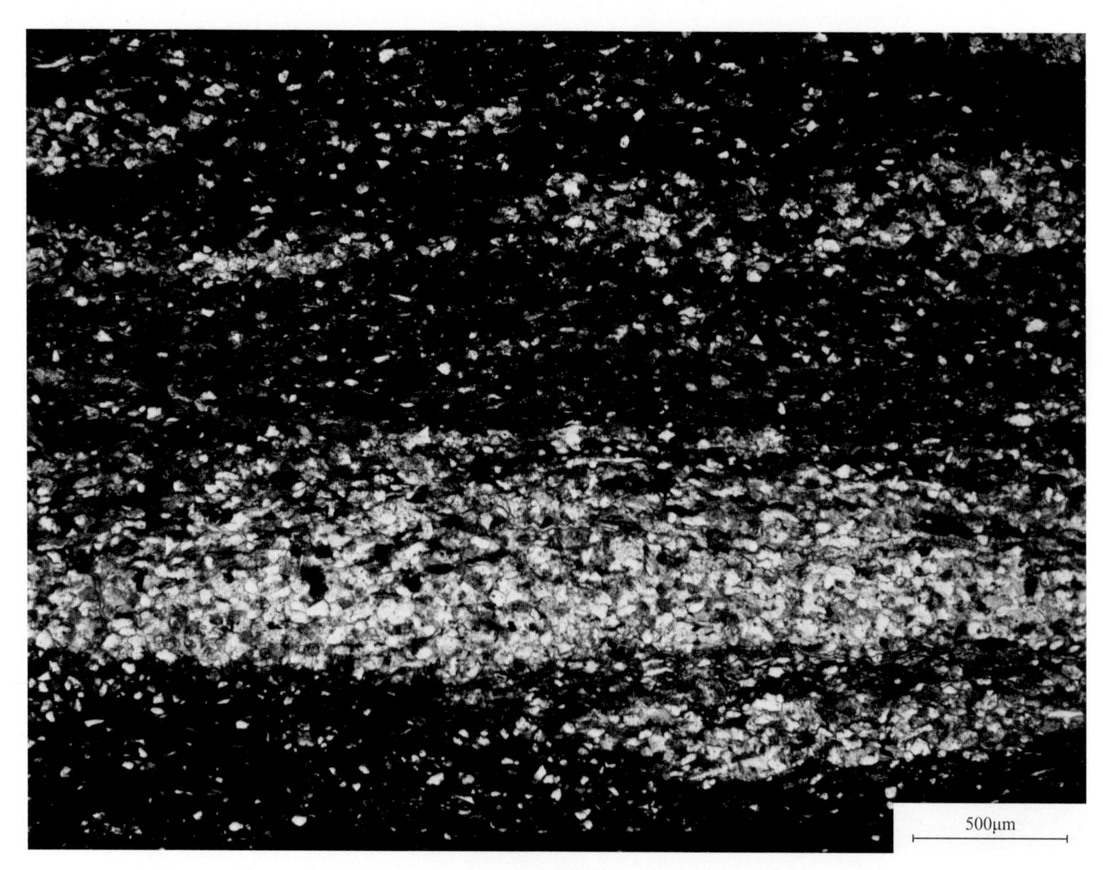

柳林成家庄下二叠统山 2 段潮坪相粉砂质页岩发育透镜状纹层，指示了潮汐作用下，动荡的水动力环境 2；单偏光

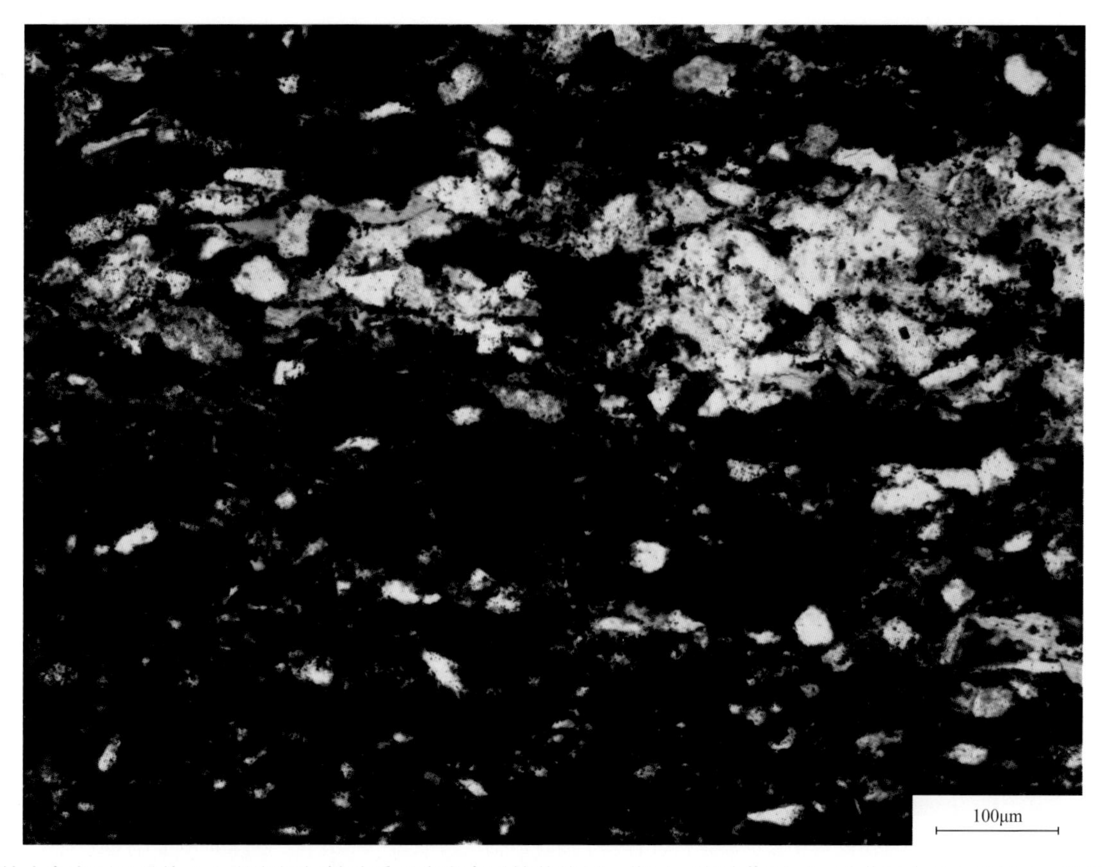

柳林成家庄下二叠统山2段潮坪相粉砂质页岩发育透镜状纹层，指示了潮汐作用下，动荡的水动力环境3；单偏光

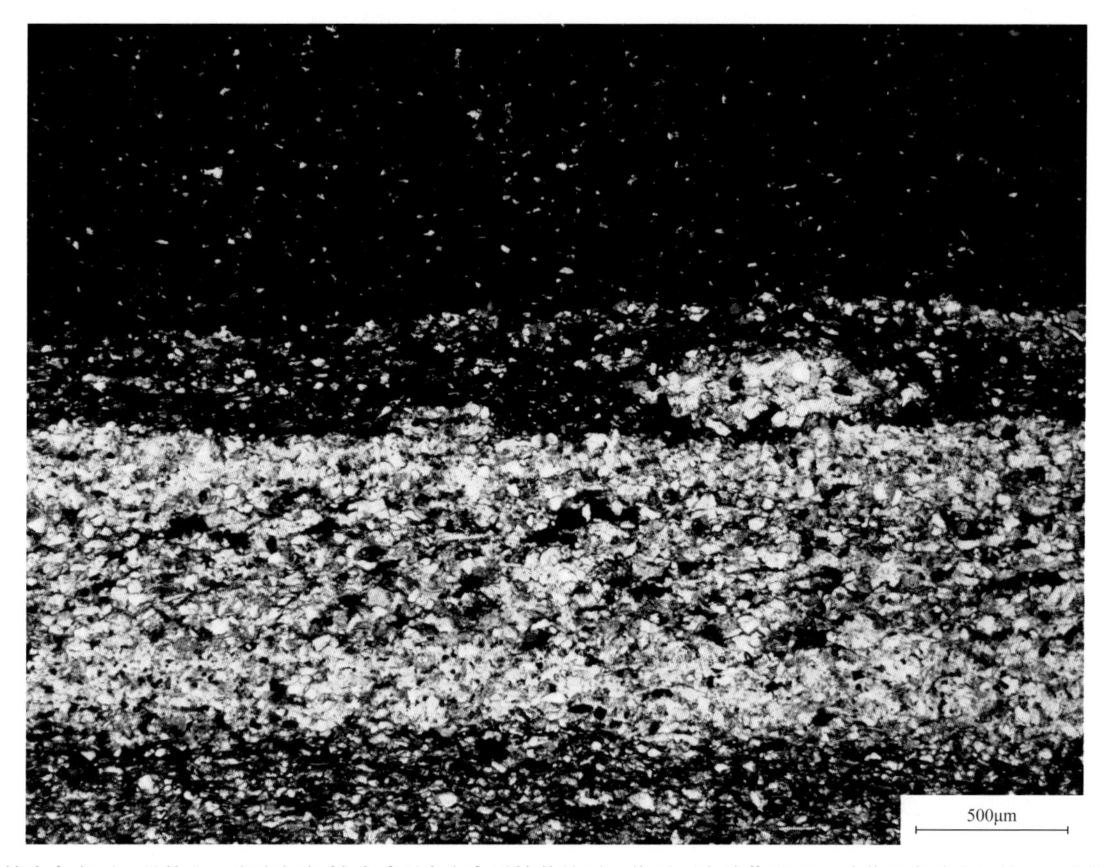

柳林成家庄下二叠统山2段潮坪相粉砂质页岩发育透镜状纹层，指示了潮汐作用下，动荡的水动力环境4；单偏光

柳林成家庄下二叠统山 2 段潮坪相粉砂质页岩发育黏土质纹层，指示了潮汐作用下，动荡的水动力环境，碎屑补给较充分；单偏光

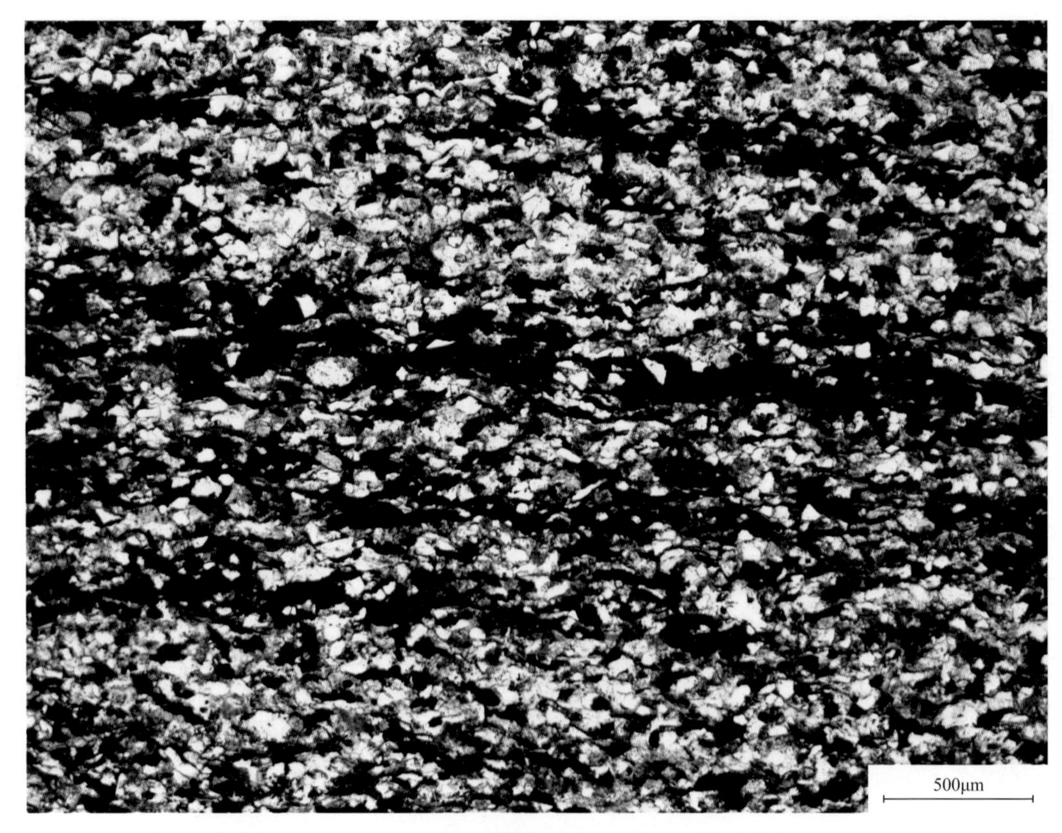

柳林成家庄下二叠统山 2 段潮坪相粉砂质页岩发育不规则水平纹层，指示了潮汐作用下，动荡的水动力环境；单偏光

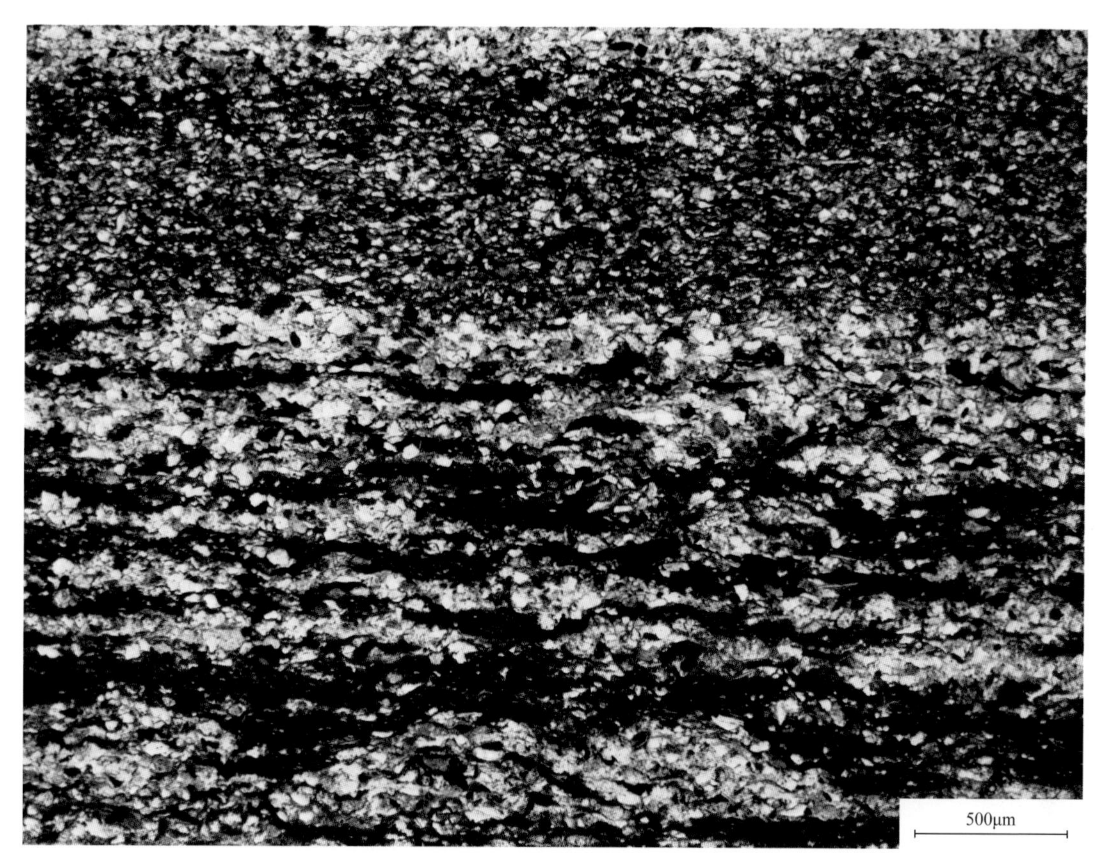

柳林成家庄下二叠统山 2 段潮坪相粉砂质页岩发育透镜状纹层，指示了潮汐作用下，动荡的水动力环境 5；单偏光

柳林成家庄下二叠统山 2 段潮坪相粉砂质页岩发育波状纹层，粉砂呈波状与泥质矿物断续交互；单偏光

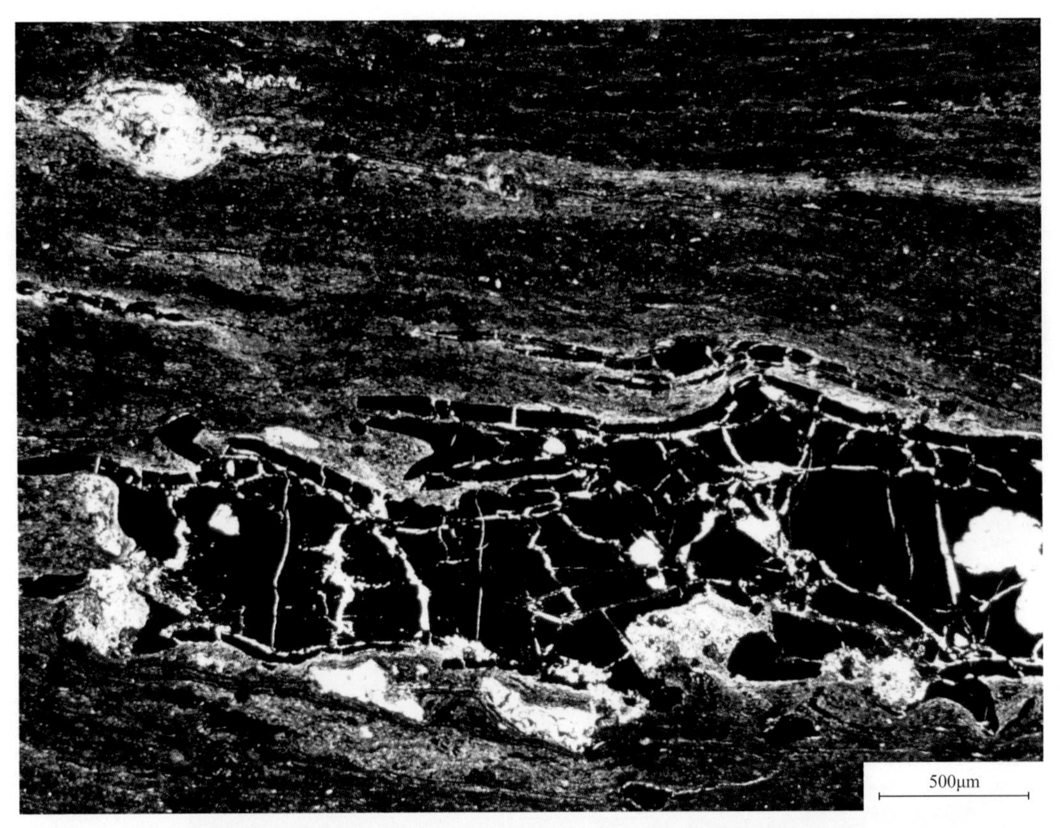

柳林成家庄剖面下二叠统山 1 段水下分流间湾黑色泥岩 1 含炭屑，炭屑呈透镜状或纹层状分布于黏土之中；单偏光

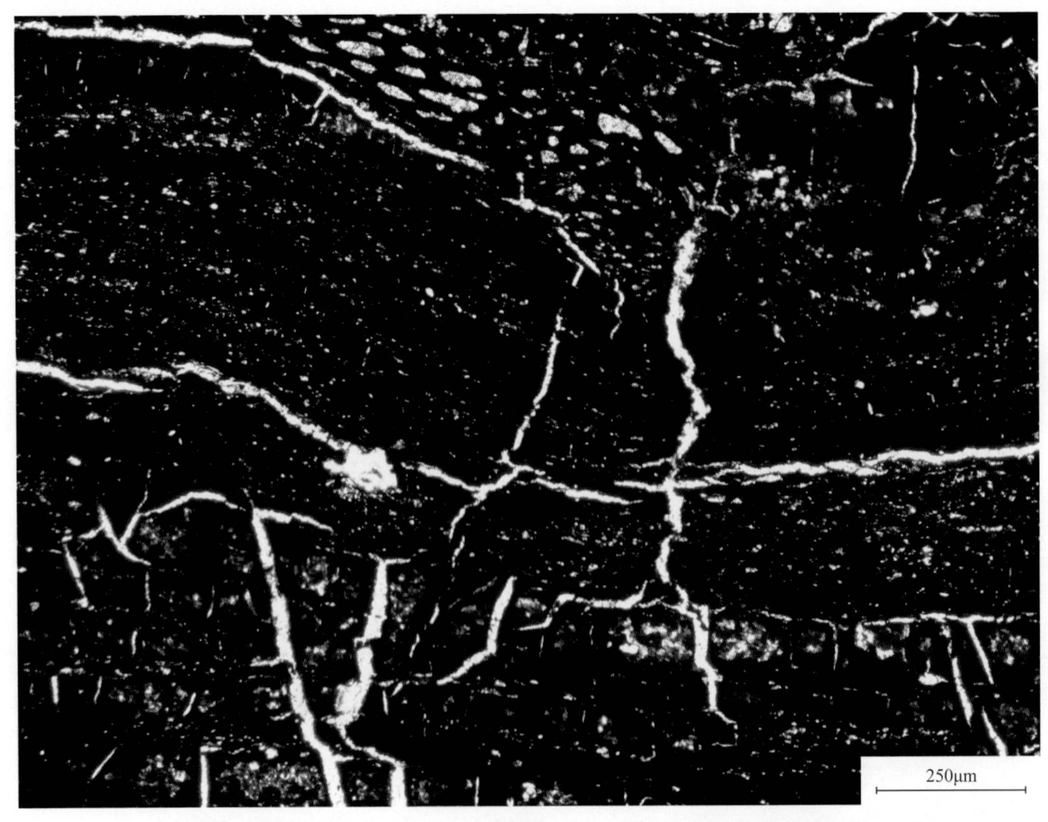

柳林成家庄剖面下二叠统山 1 段顶部三角洲平原亚相黑色泥岩，发育植物炭屑，碳质呈带状、透镜状，可观察到原本的植物结构；单偏光

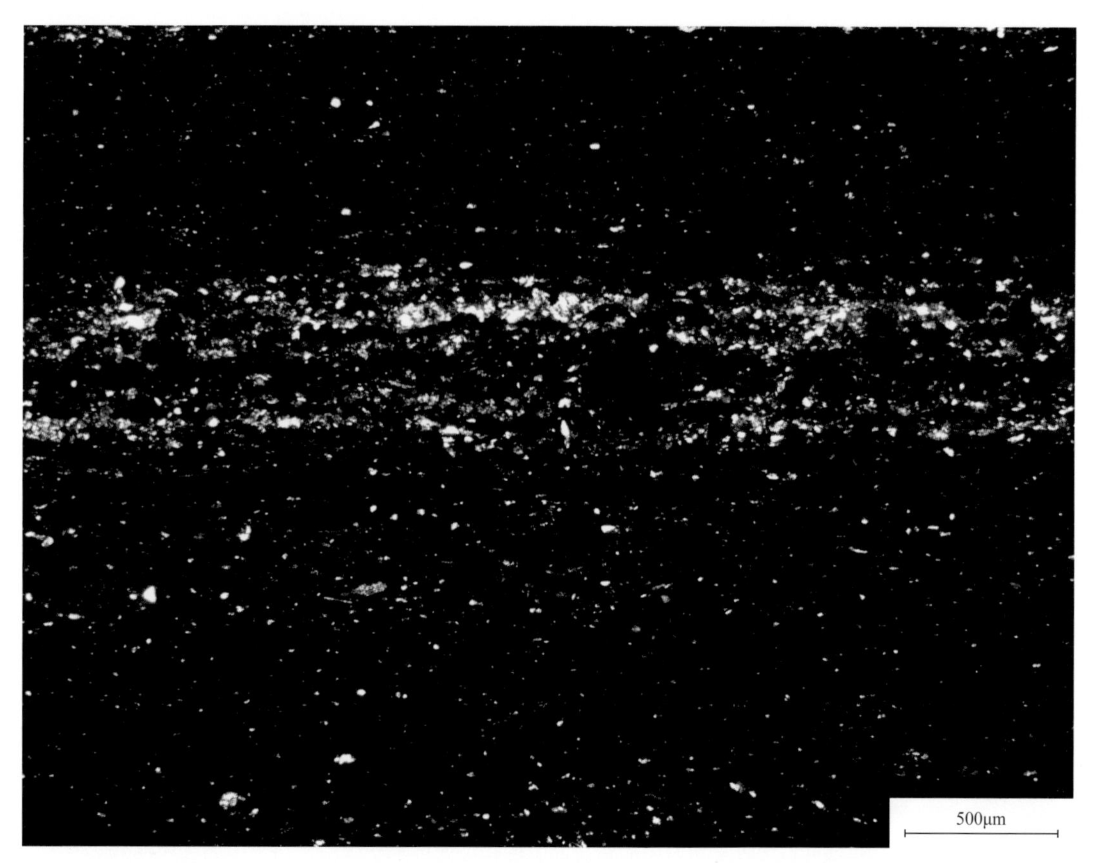

H 井，2367.6m，山 2 段黑色页岩中可见粉砂质矿物与黏土矿物形成水平纹层；正交偏光

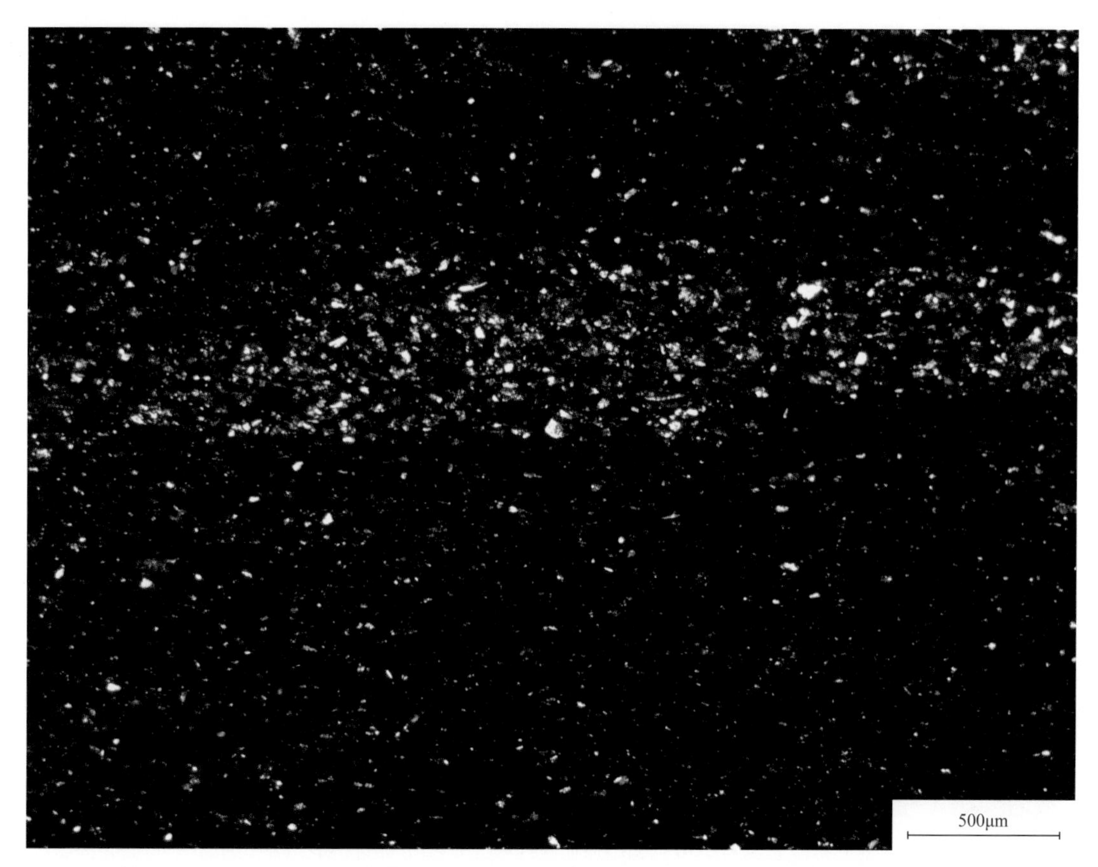

H 井，2356.8m，山 2 段黑色页岩中可见粉砂质矿物与黏土矿物形成透镜状纹层；正交偏光

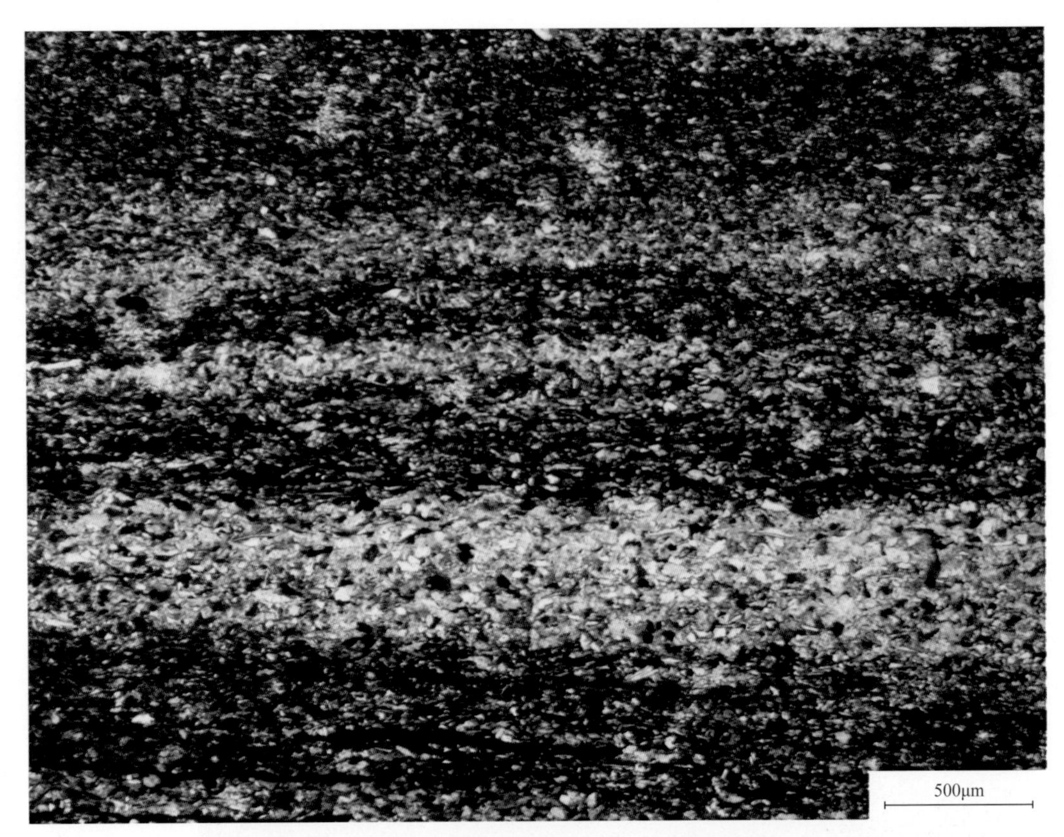

B 井，2363.85m，山 2 段黑色页岩中可见粉砂质矿物与黏土矿物形成透镜状纹层，指示了潮坪环境下受强潮汐作用影响；单偏光

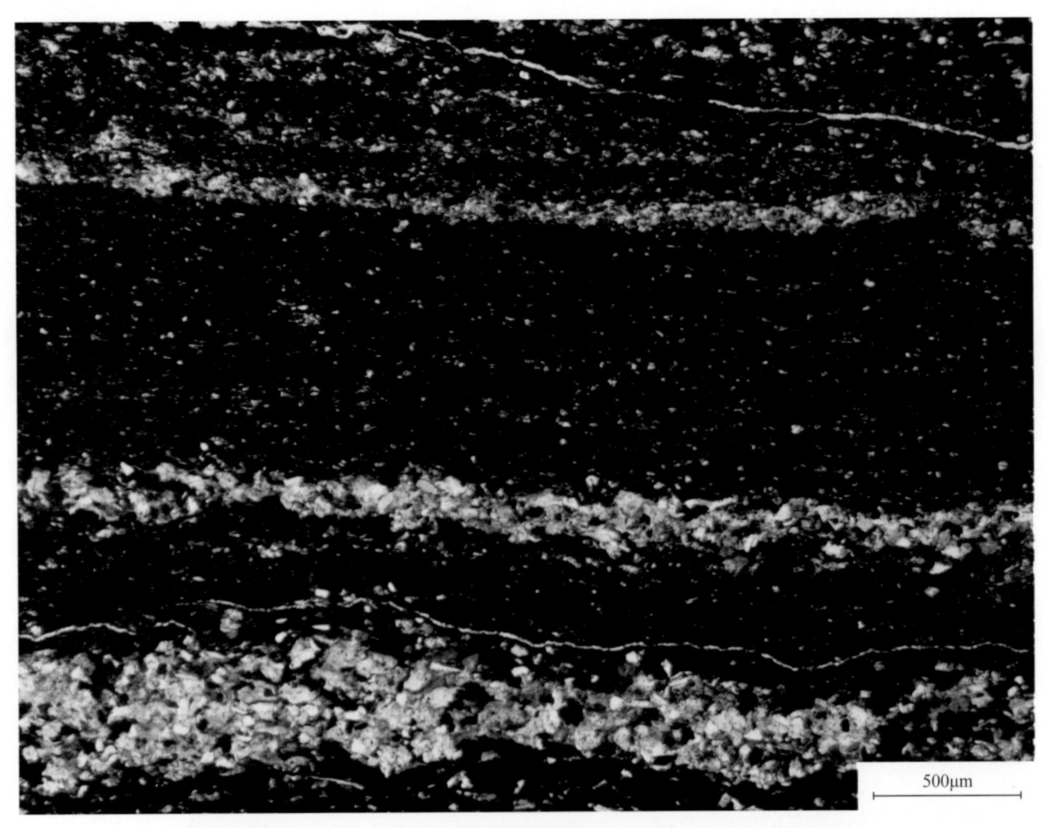

B 井，2360.8m，山 2 段黑色粉砂质页岩中可见粉砂质矿物与黏土矿物形成透镜状纹层，指示了轻微动荡的水动力环境；单偏光

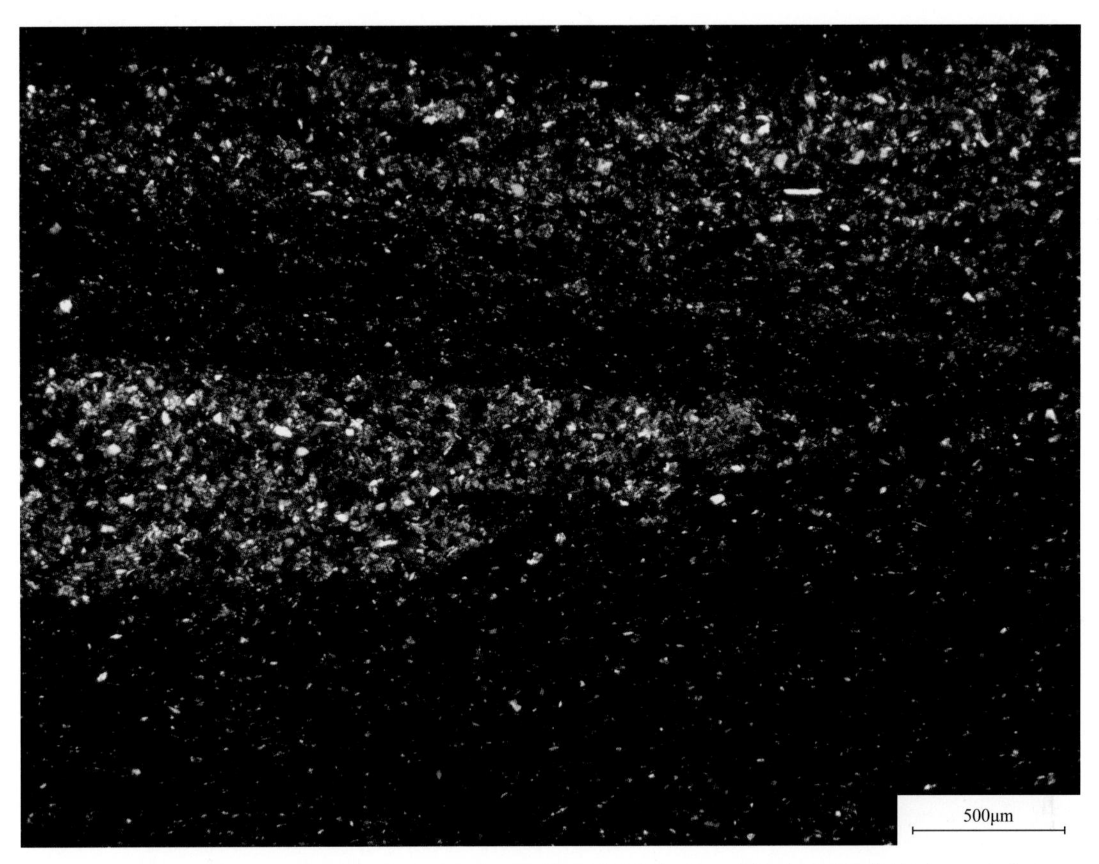

B 井，2358.74m，山 2 段黑色粉砂质页岩中可见粉砂质矿物与黏土矿物形成透镜状纹层；正交偏光

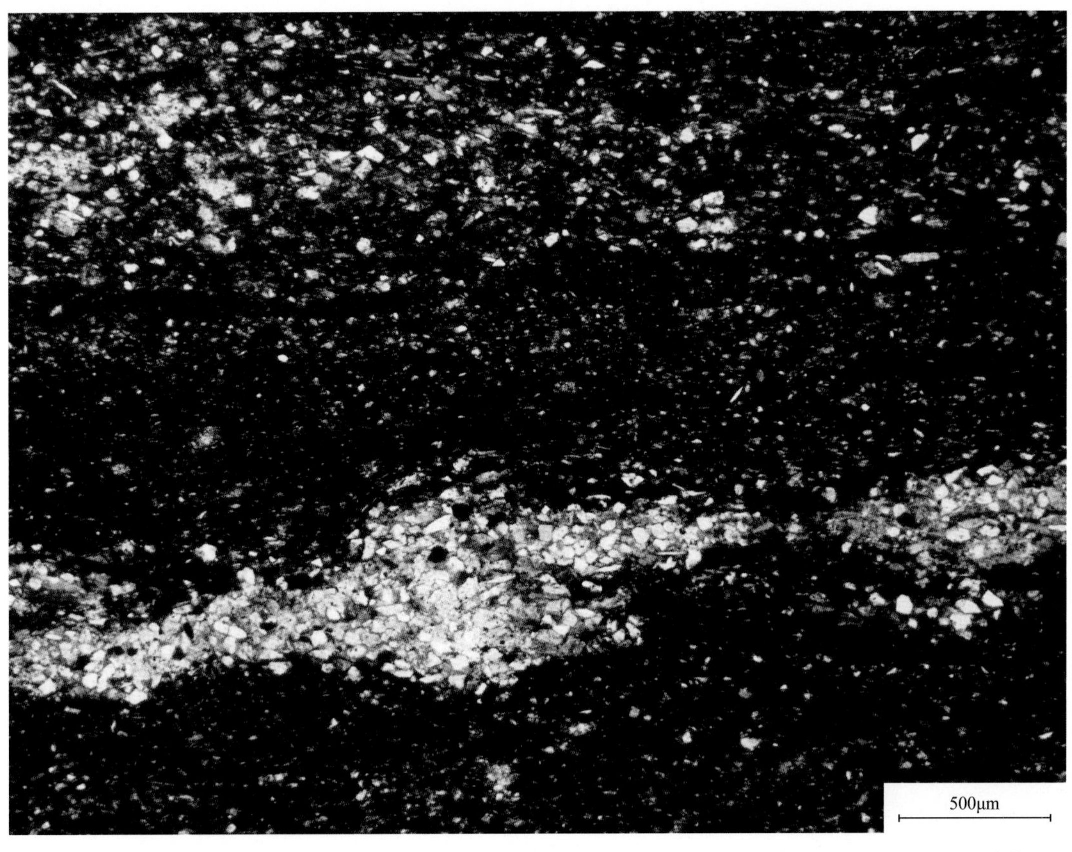

E 井，2020.2m，山 2 段潮坪相黑色粉砂质页岩中可见粉砂质矿物与黏土矿物形成透镜状纹层；单偏光

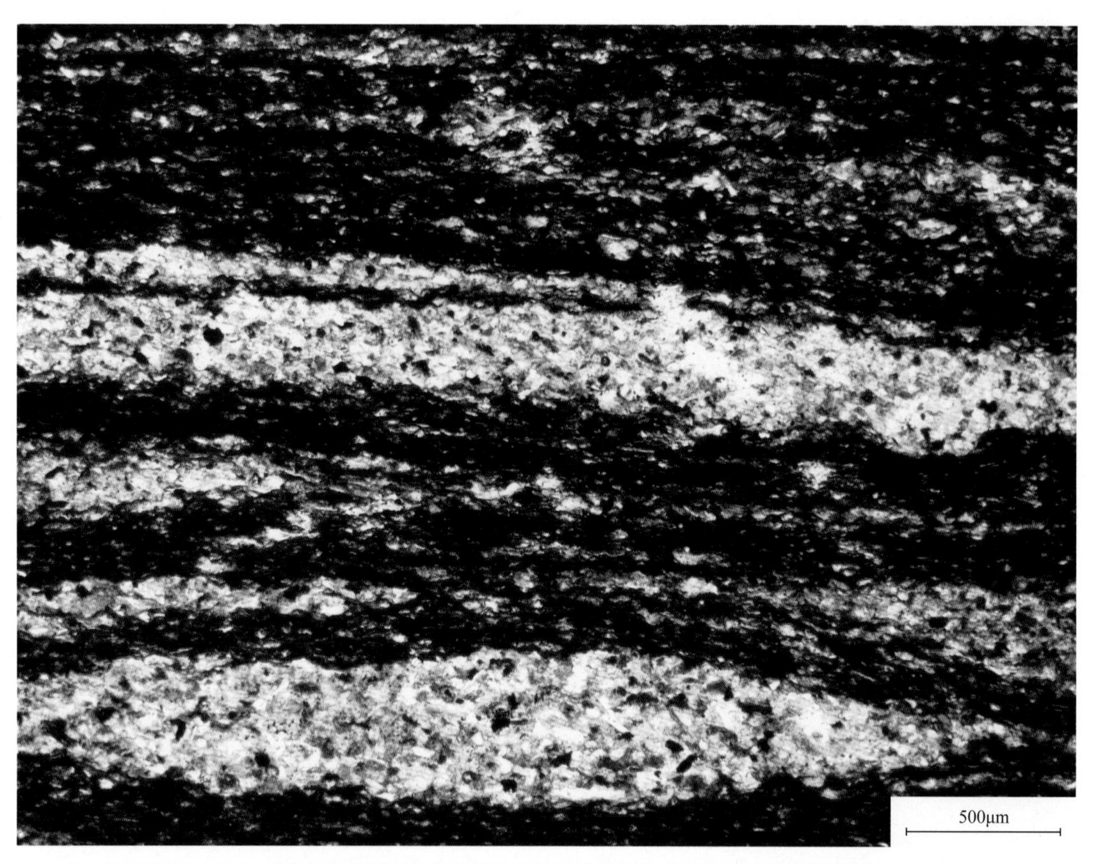

C 井，1630.9m，山 2 段潮坪相黑色粉砂质页岩中可见粉砂质矿物与黏土矿物形成波状纹层；单偏光

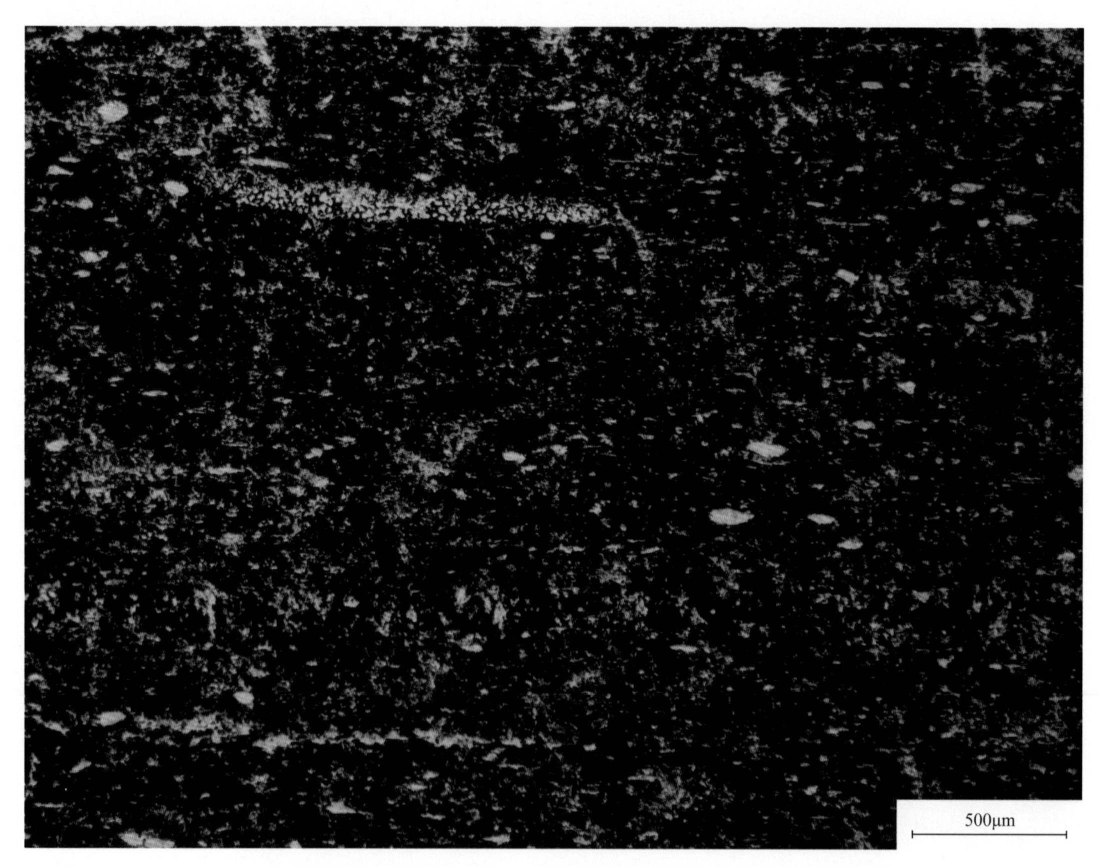

J 井，2147.3m，山 2 段泥坪相黑色碳质页岩，可见植物碎屑与黏土矿物呈平行层面定向排列；单偏光

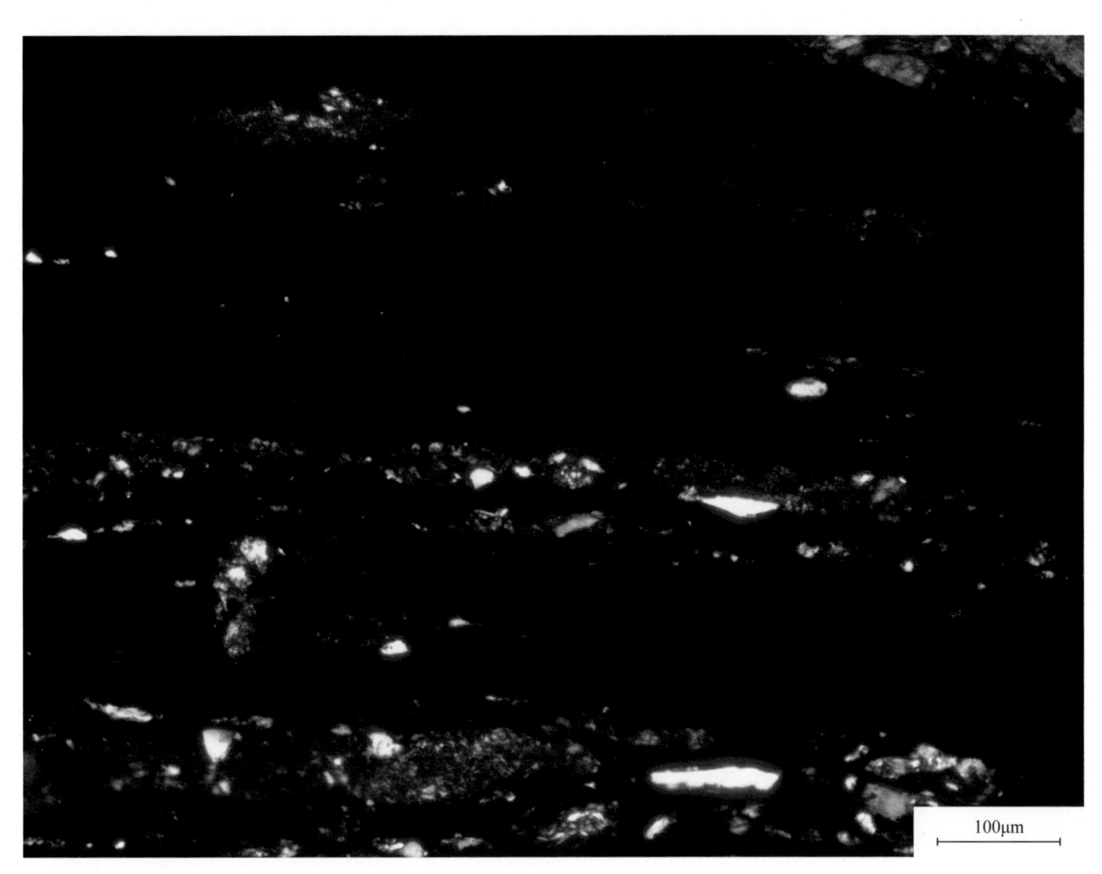

J 井，2146.2m，山 2 段潟湖相黑色页岩，可见隐晶硅质矿物与黏土矿物构成水平纹层；正交偏光

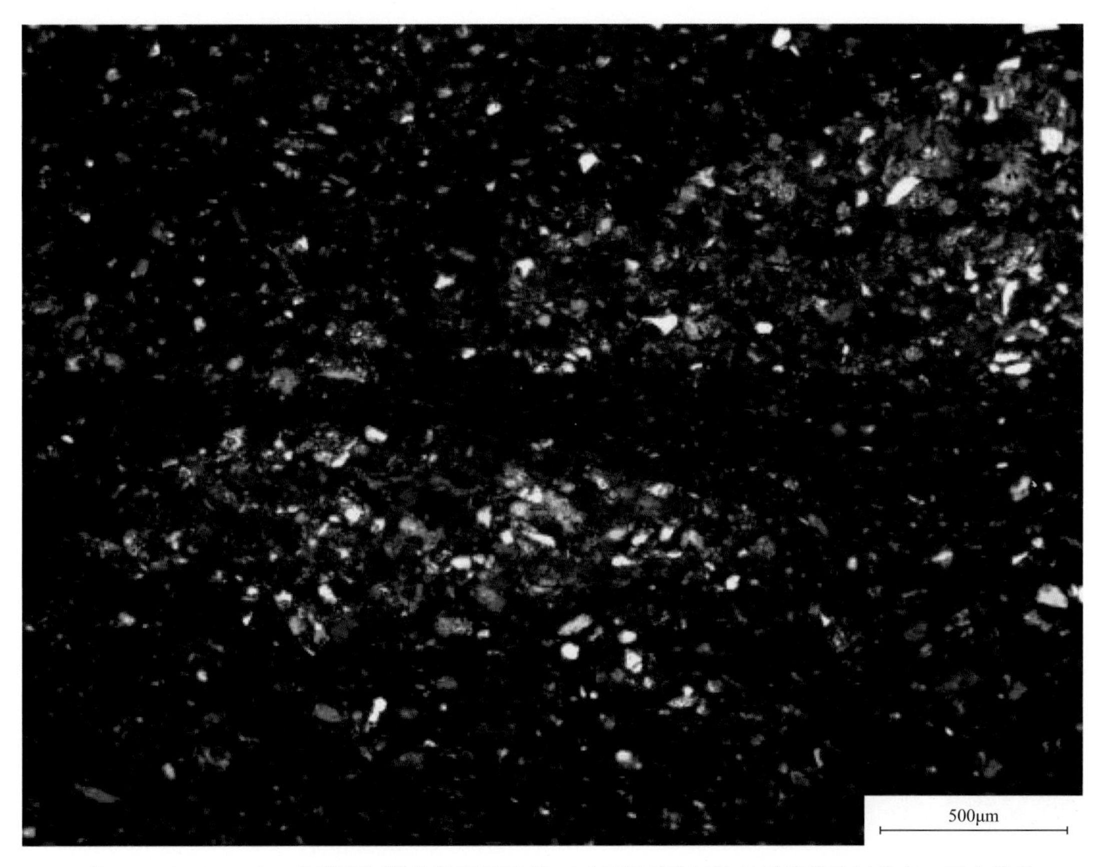

I 井，2158.45m，山 2 段潮坪相黑色粉砂质页岩，可见砂质碎屑物呈透镜状纹层分布；正交偏光

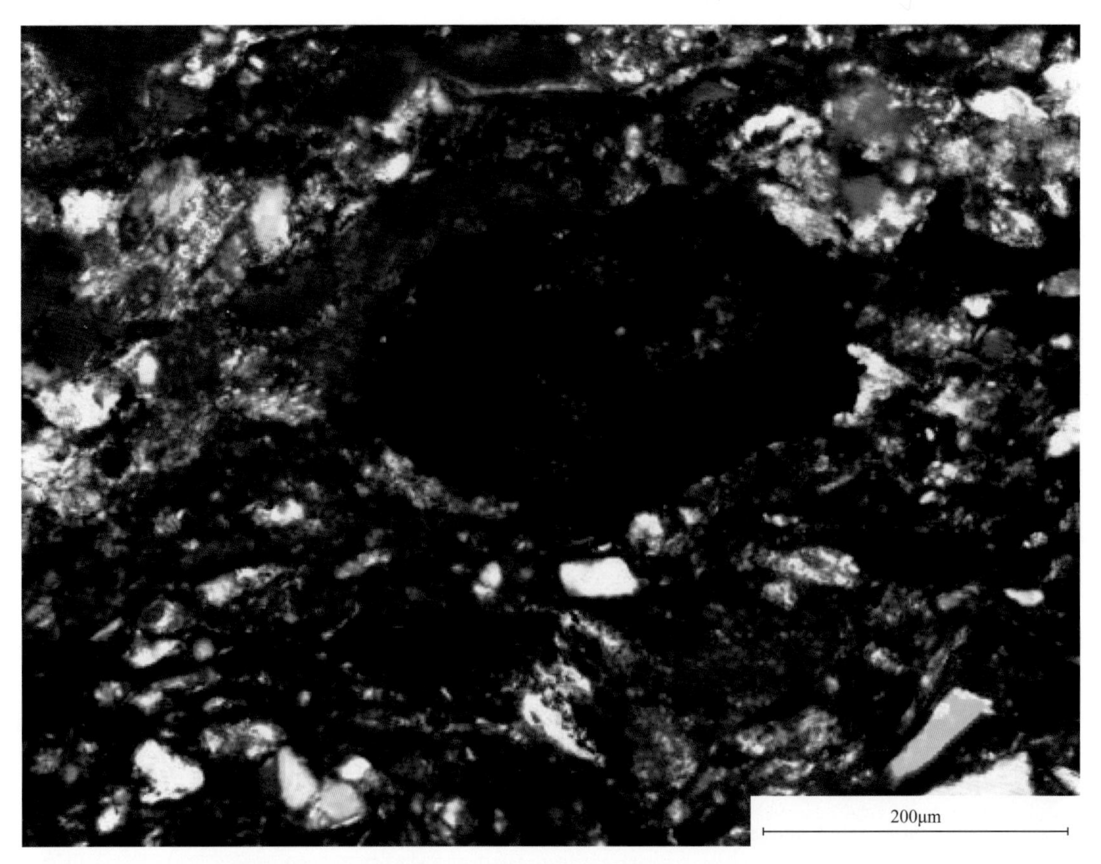

I 井，2157.74 m，山 2 段潟湖相黑色粉砂质页岩，可见球状有机质团块，推测可能为某种生物排泄物；正交偏光

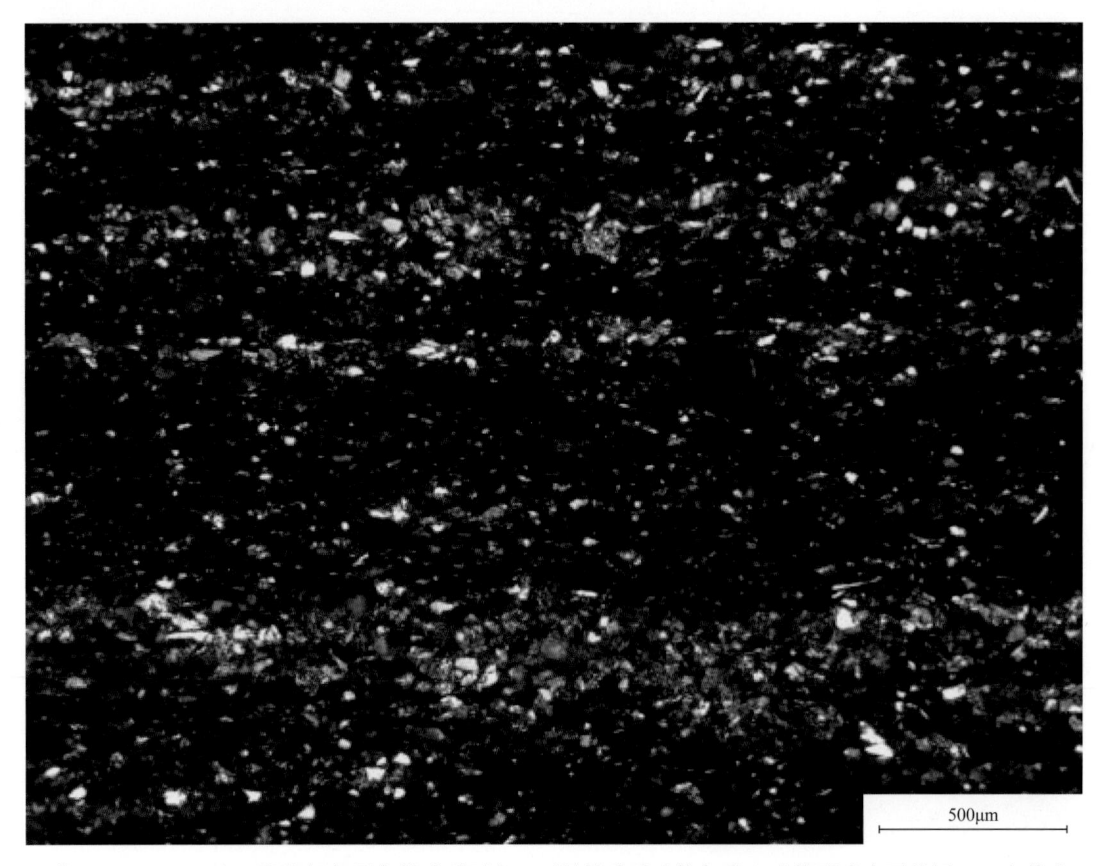

I 井，2156.48m，山 2 段潮坪相黑色粉砂质页岩，可见粉砂质矿物与黏土矿物形成水平纹层；正交偏光

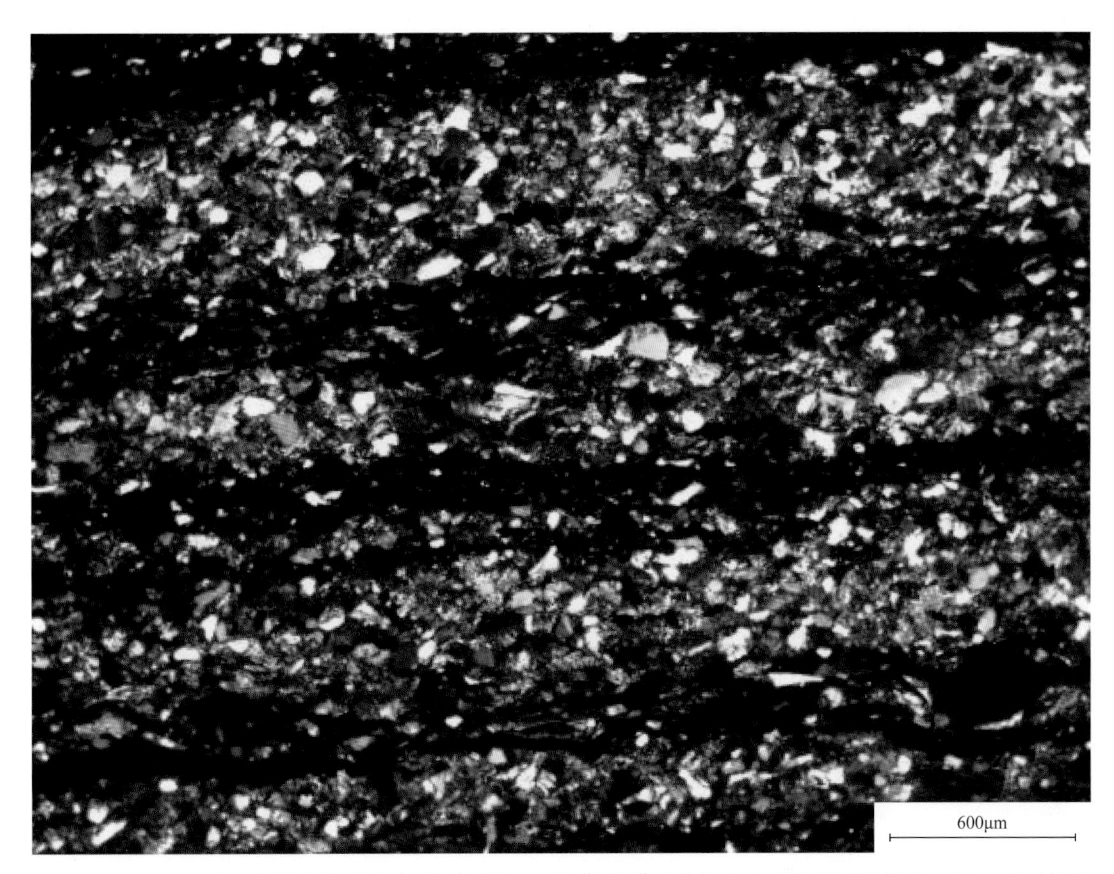

I 井，2156.21m，山 2 段潮坪相黑色粉砂质页岩，可见粉砂质矿物与黏土矿物形成透镜状纹层；正交偏光

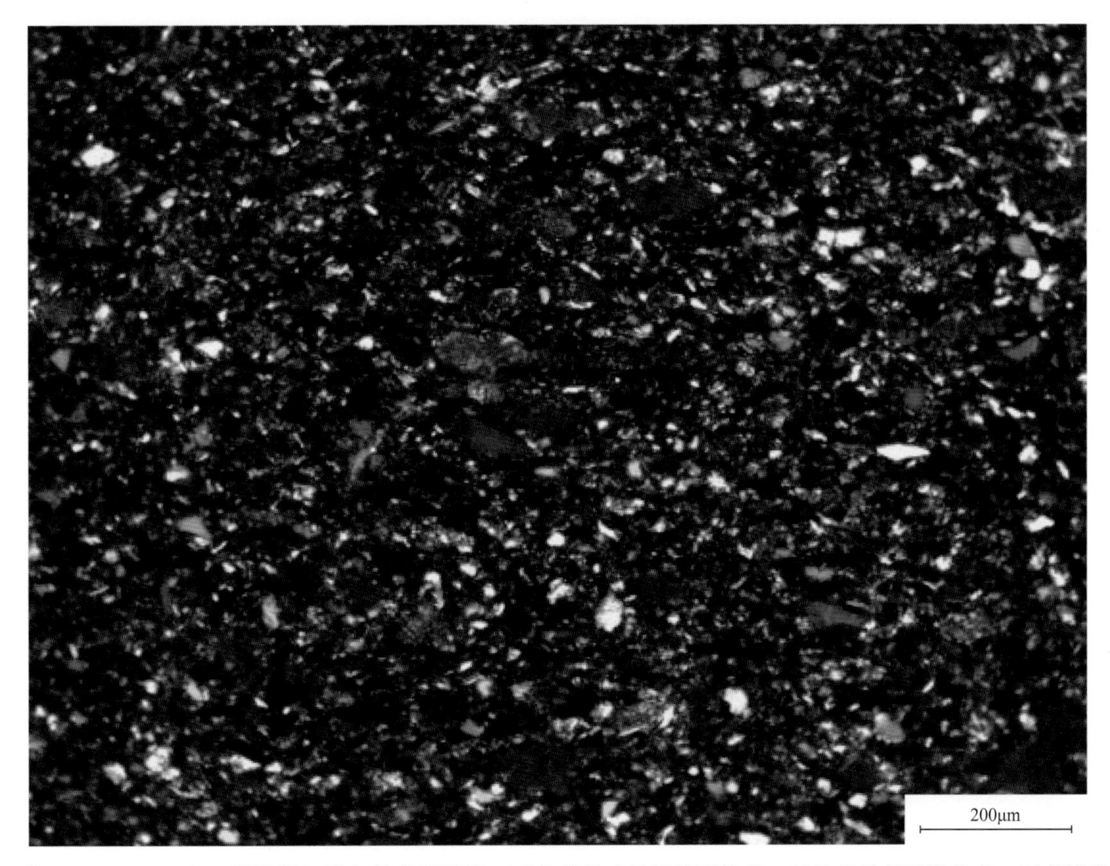

I 井，2152.62m，山 2 段潟湖相黑色粉砂质页岩，可见菱铁矿呈近菱面体状，呈粒状单晶稀散分布；正交偏光

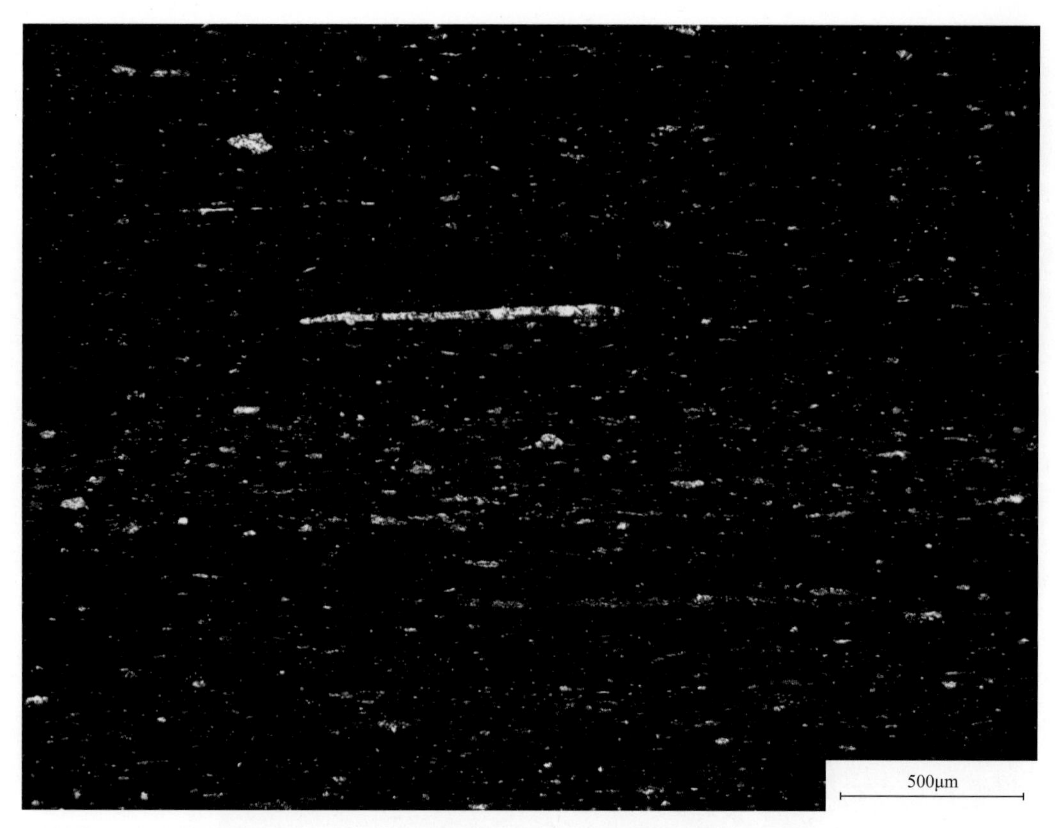

I井，2146.23m，山2段潟湖相黑色页岩，可见海绵骨针等生物碎屑，生物碎屑长轴平行微层理面分布，具定向排列特征，构成水平纹层；正交偏光（据彭思钟等，2022）

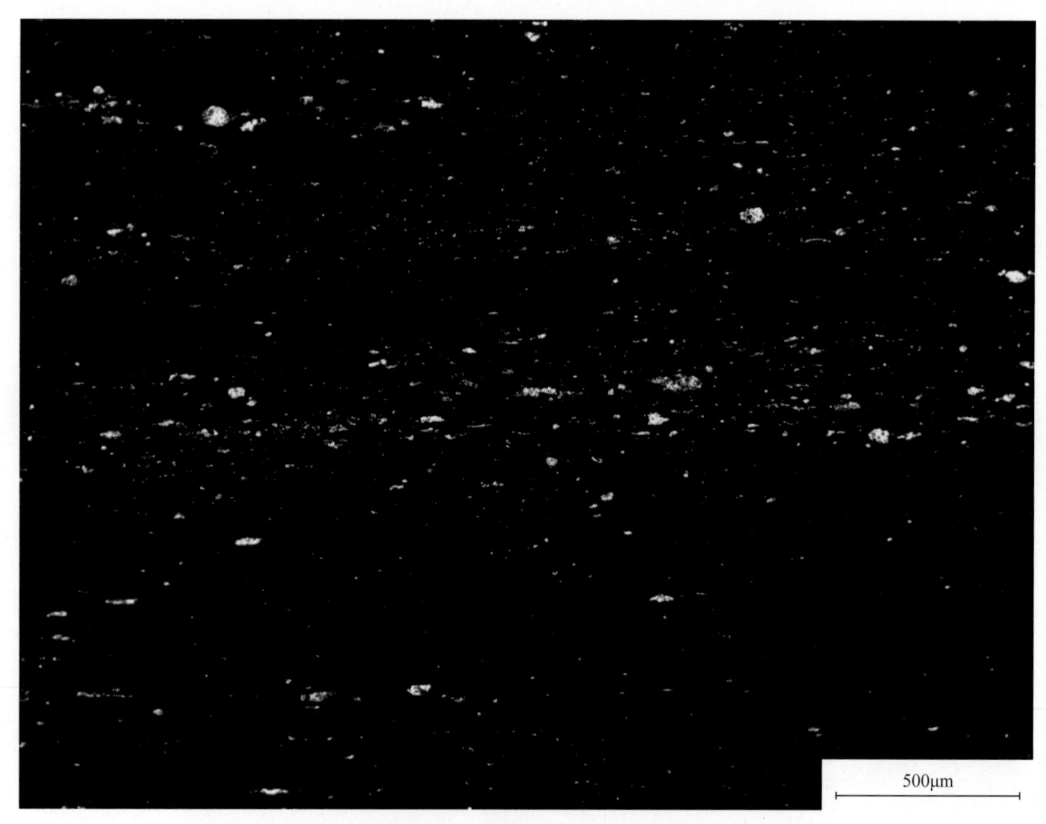

I井，2145.86m，山2段潟湖相黑色页岩，可见大量生物碎屑，生物碎屑已泥化，长轴平行微层理面分布，具定向排列特征，构成水平纹层；正交偏光

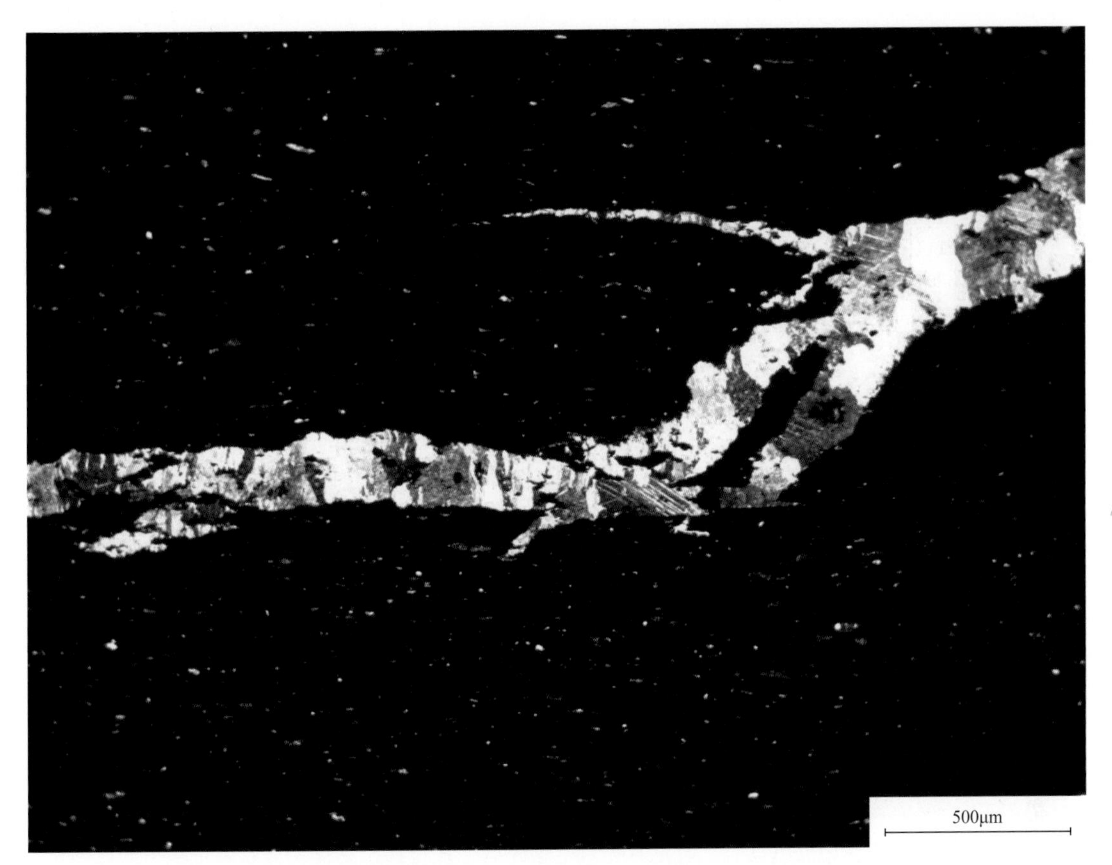

I井，2145.57m，山2段潟湖相黑色页岩，裂缝被方解石脉胶结；正交偏光（据彭思钟等，2022）

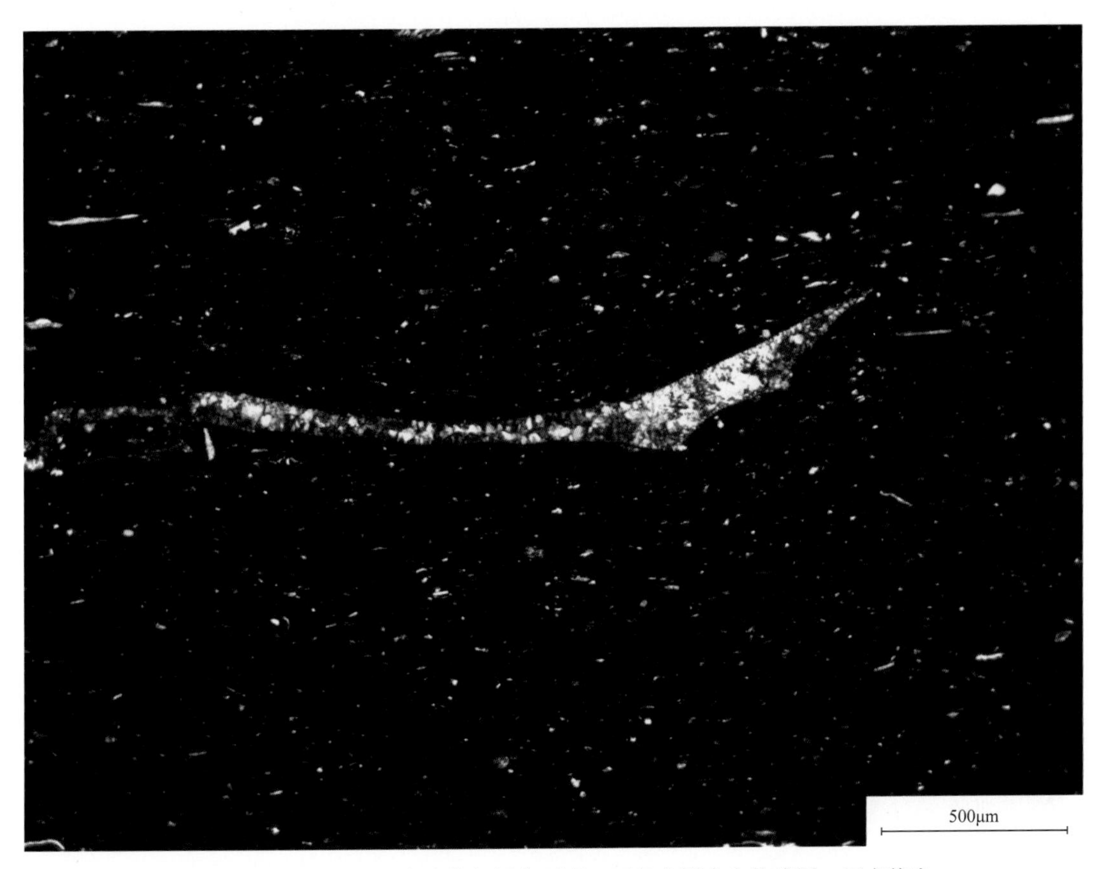

I井，2145.34m，山2段潟湖相黑色页岩，可见介形虫生物碎屑；正交偏光

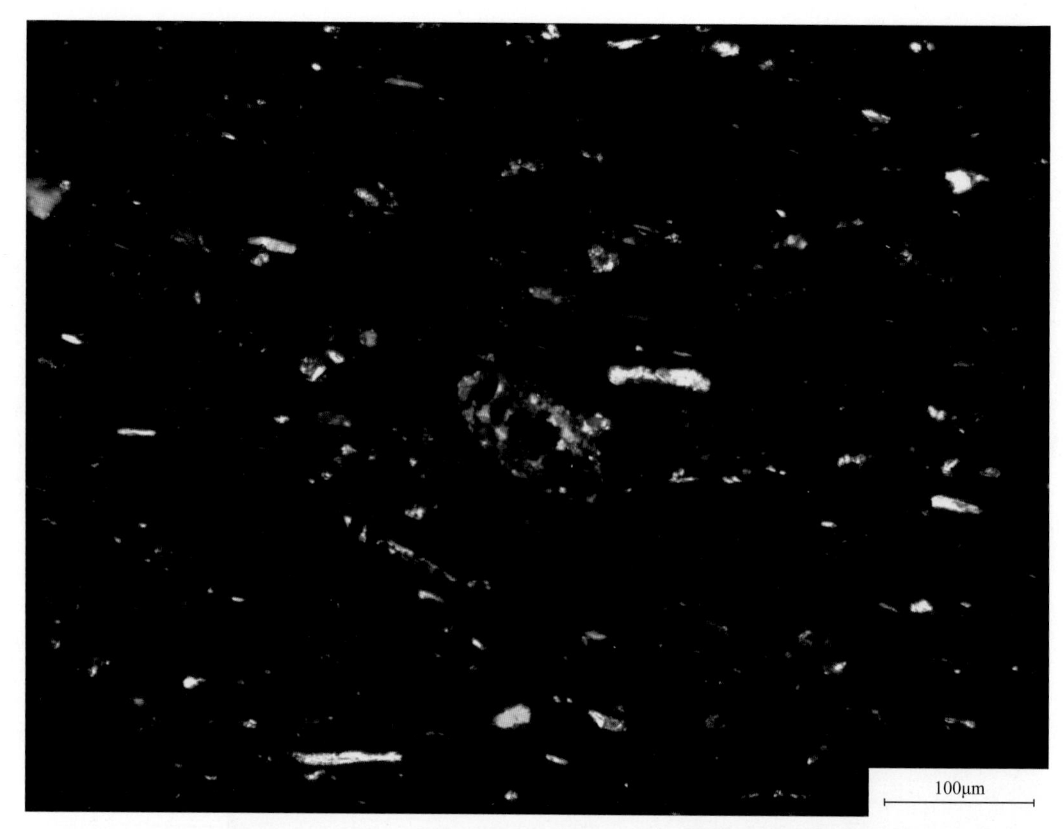

I井，2144.65m，山2段潟湖相黑色页岩，可见有孔虫生物碎屑，被黄铁矿交代，显示其沉积于低能静水强还原环境；正交偏光（据彭思钟等，2022）

I井，2137.61m，山2段潟湖相黑色粉砂质页岩，含大量菱铁矿，呈粒状单晶稀散分布；正交偏光（据彭思钟等，2022）

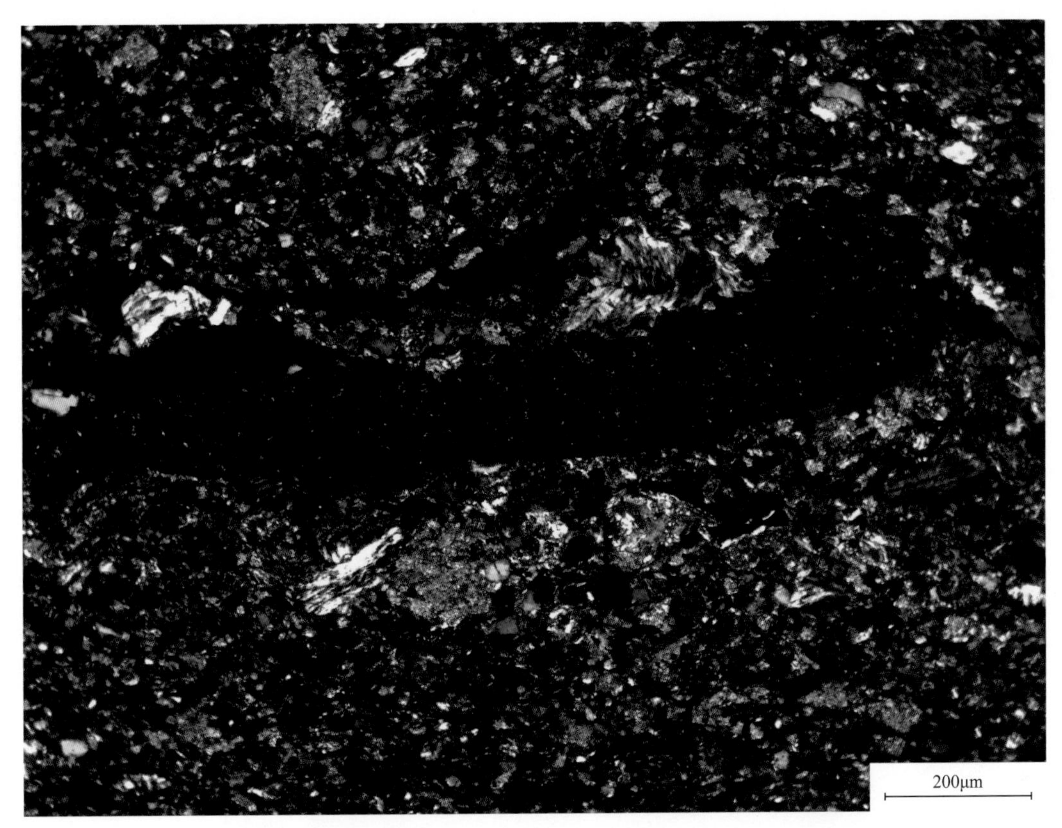

Ⅰ井，2137.61m，山 2 段潟湖相黑色粉砂质页岩可见生物碎屑，具不规则状外形，推测可能为古代藻类；正交偏光

Ⅰ井，2136.32m，山 2 段障壁岛相中—细粒岩屑石英砂岩，含大量菱铁矿胶结物；正交偏光

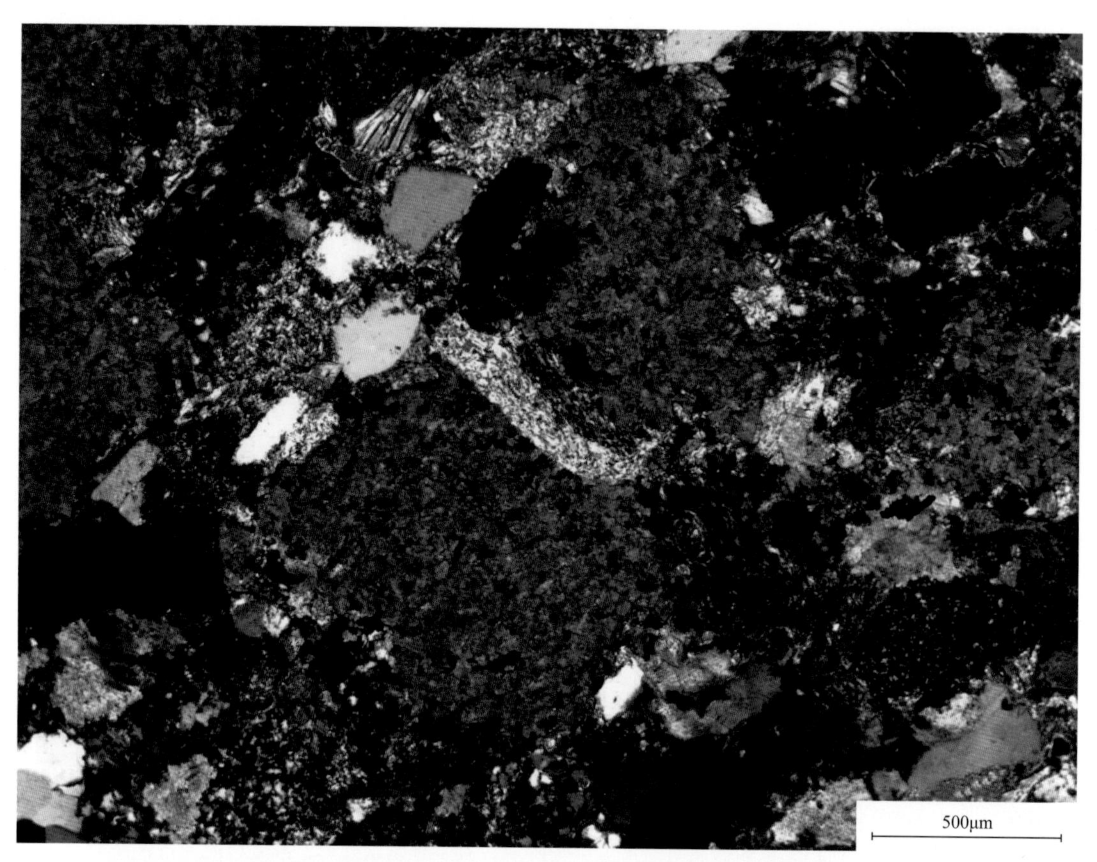

I 井，2131.78m，山 2 段障壁岛相中—细粒岩屑石英砂岩，含大量菱铁矿；正交偏光

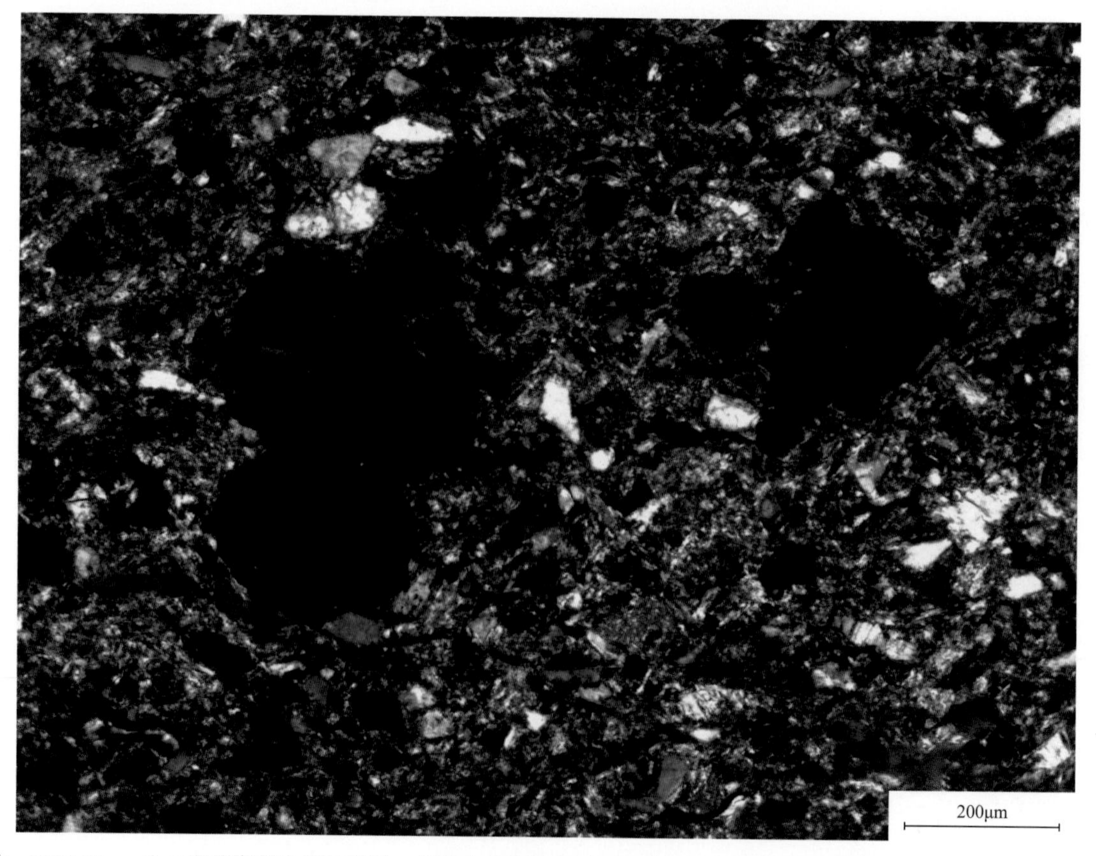

I 井，2129.87m，山 2 段潟湖相含粉砂泥岩，黄铁矿（反射光下显金黄色）呈粒状单晶或集合体零星分布；正交偏光

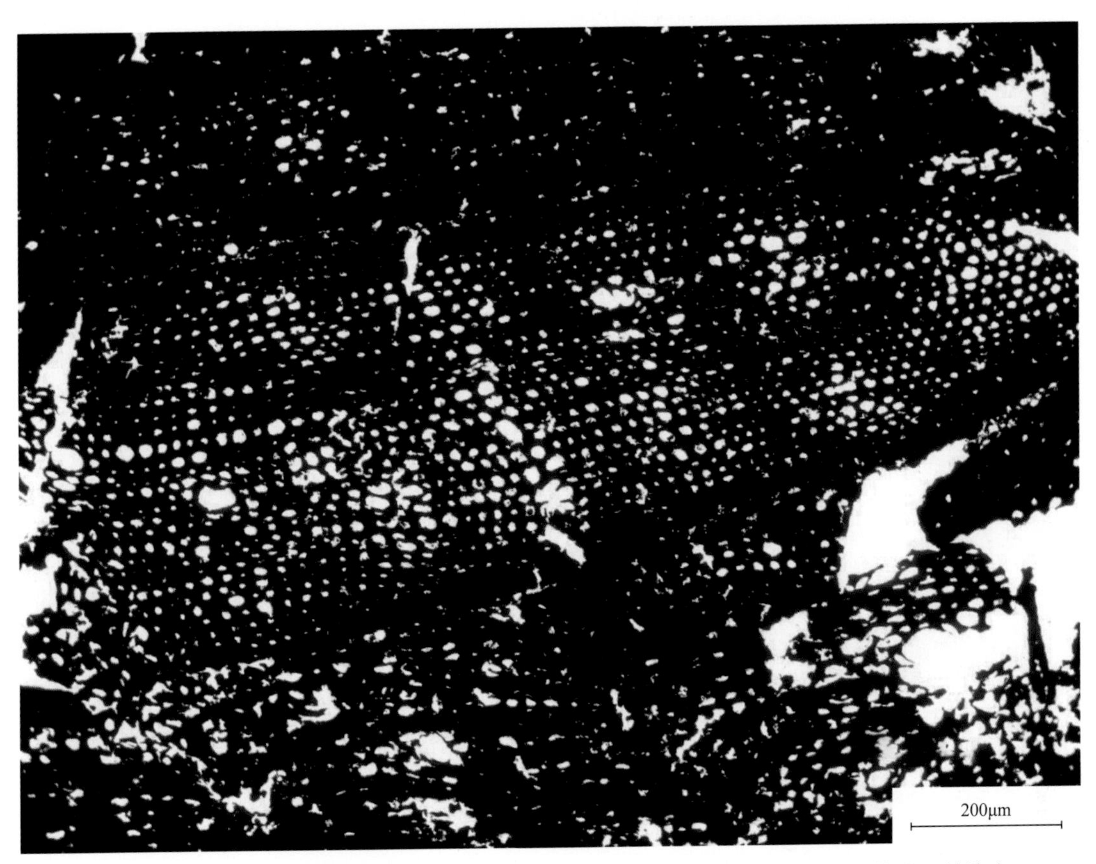

I井，2128.30m，山2段泥炭坪相碳质页岩可见植物碎屑呈排列整齐的网格状构造；单偏光

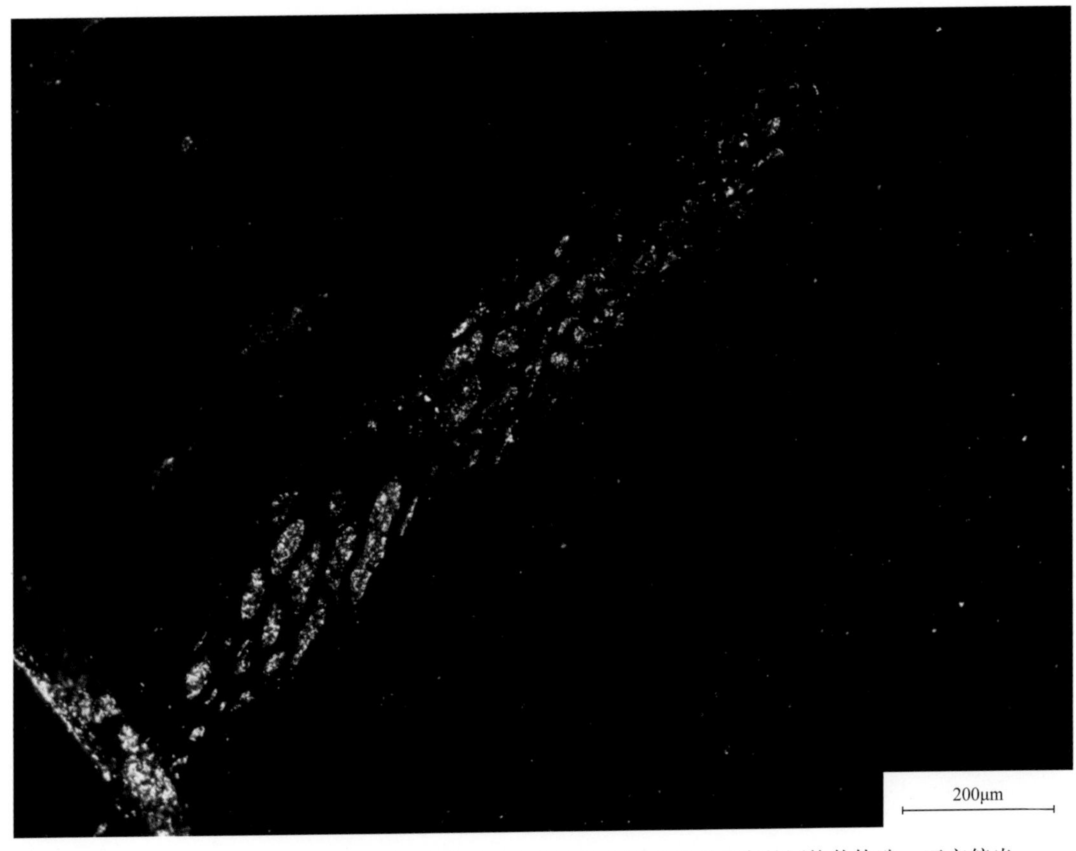

I井，2127.69m，山2段泥炭坪相碳质页岩可见植物碎屑呈排列整齐的网格状构造；正交偏光

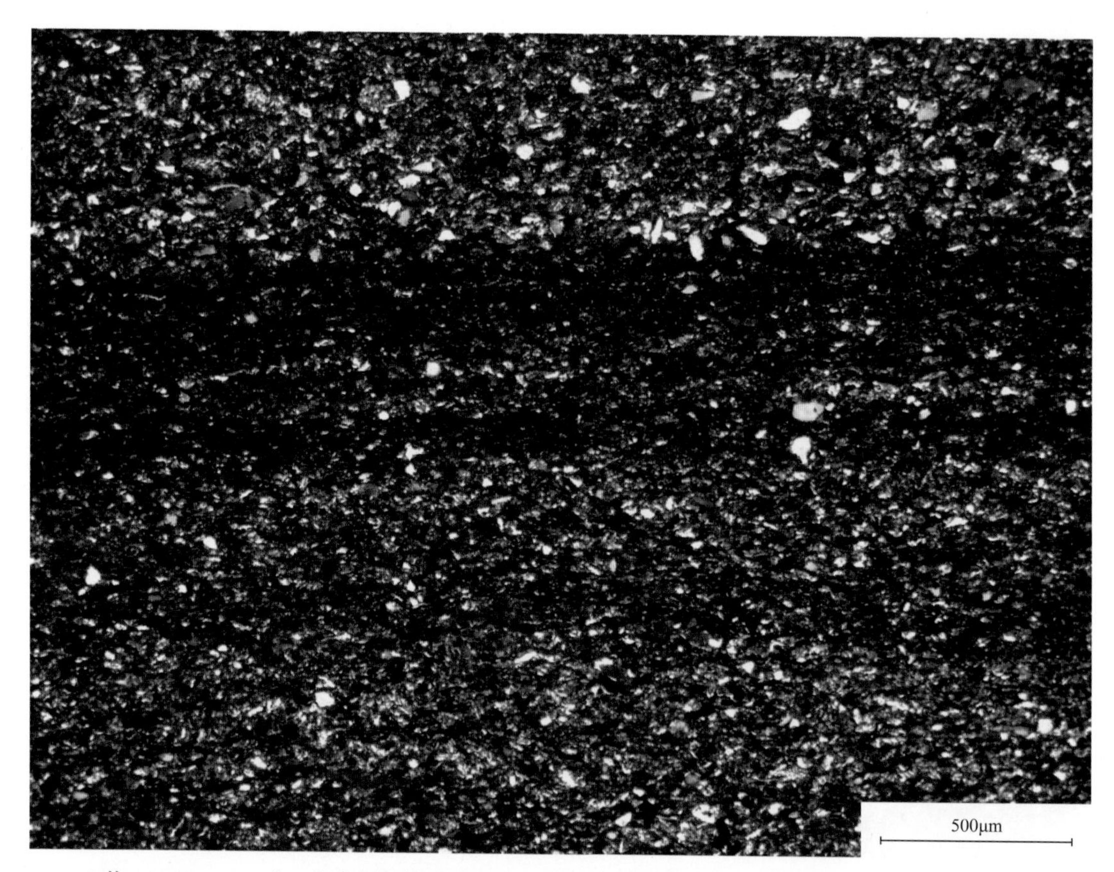

I 井，2125.86m，山 2 段潮坪相粉砂质页岩，黏土矿物与粉砂质矿物形成水平纹层；正交偏光

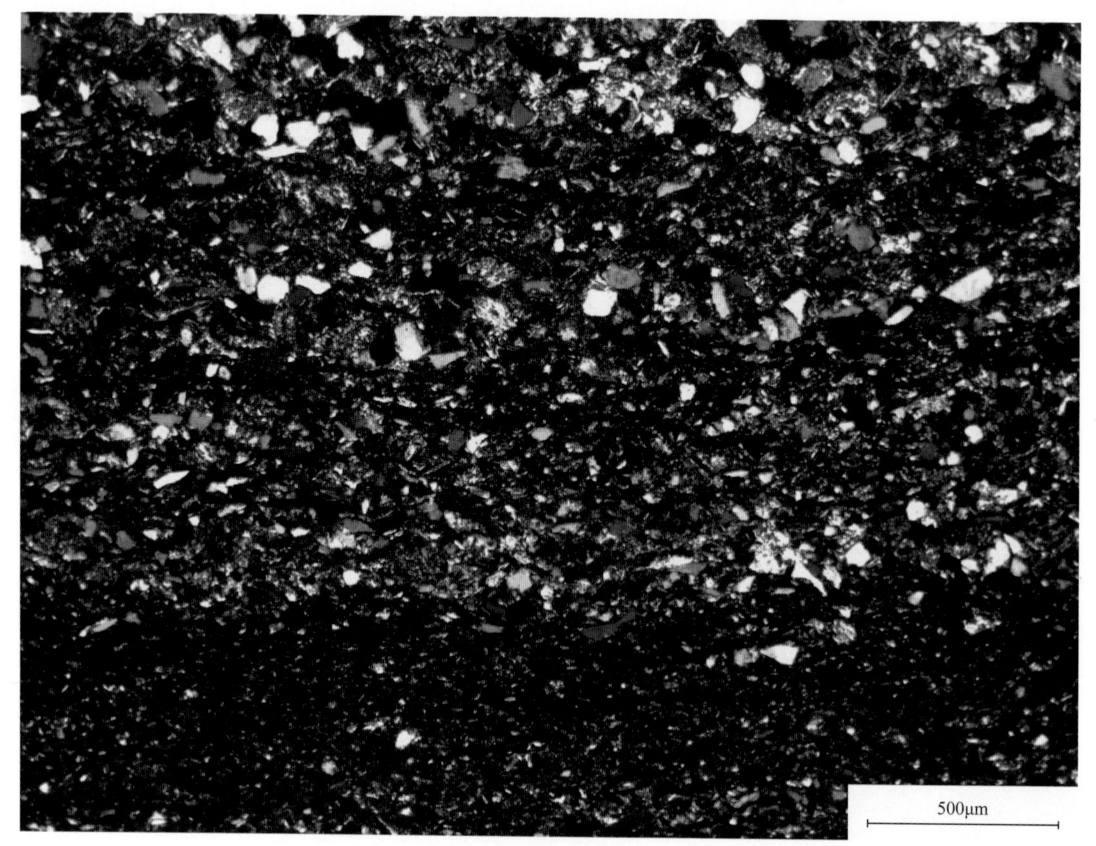

I 井，2124.38m，山 2 段潮坪相粉砂质页岩，黏土矿物与粉砂质矿物形成水平纹层；正交偏光

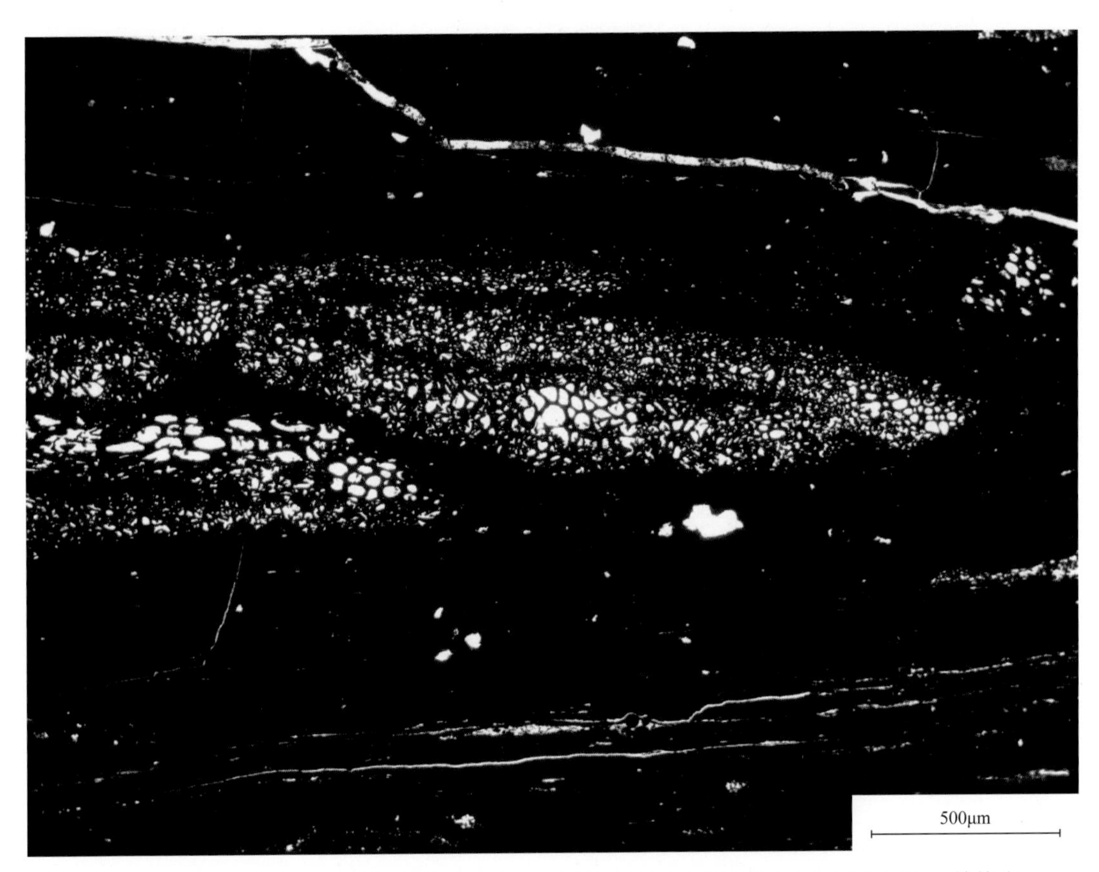

I井，2119.58m，山2段泥炭坪相碳质页岩，可见植物碎屑呈排列整齐的网格状构造；单偏光

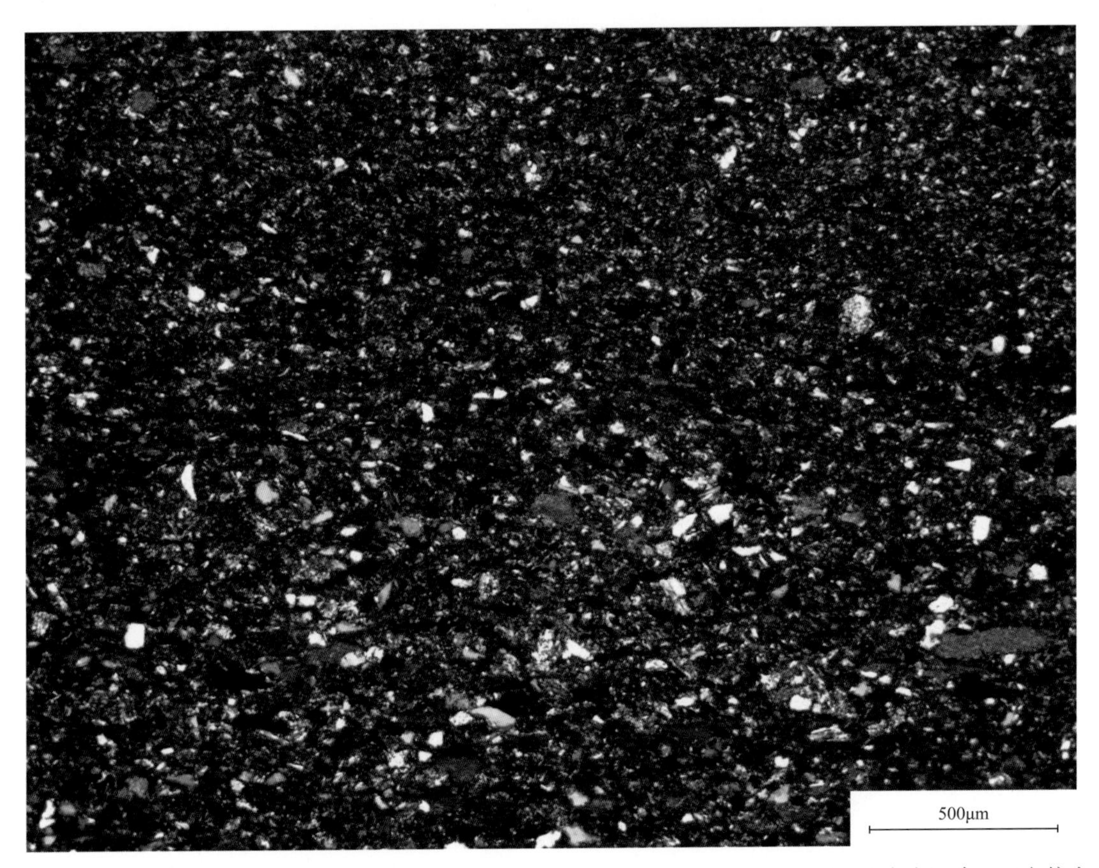

I井，2119.06 m，山2段潮坪相含粉砂页岩，可见粒序层理，表明物质从不断减弱的流态中沉降；正交偏光

参考文献

长庆油田石油地质志编写组，1992. 中国石油地质志 卷十二・长庆油田［M］. 北京：石油工业出版社.
付锁堂，田景春，陈洪德，等，2003. 鄂尔多斯盆地晚古生代三角洲沉积体系平面展布特征［J］. 成都理工大学学报（自然科学版），30（3）：236-241.
何自新，费安琦，王同和，2003. 鄂尔多斯盆地演化与油气［M］. 北京：石油工业出版社.
李文厚，张倩，李克永，等，2021. 鄂尔多斯盆地及周缘地区晚古生代沉积演化［J］. 古地理学报，23（1）：39-52.
李增学，王明镇，余继峰，等，2006. 鄂尔多斯盆地晚古生代含煤地层层序地层与海侵成煤特点［J］. 沉积学报，24（6）：834-840.
彭思钟，刘德勋，张磊夫，等，2022. 鄂尔多斯盆地东缘大宁—吉县地区山西组页岩岩相与沉积相特征［J］. 沉积学报，40（1）：47-59.
杨华，张军，王飞雁，等，2000. 鄂尔多斯盆地古生界含气系统特征［J］. 天然气工业，20（6）：7-11.
杨俊杰，2002. 鄂尔多斯盆地构造演化及油气分布规律［M］. 北京：石油工业出版社.
张雷，赵培华，侯伟，等，2023. 鄂尔多斯盆地东缘山西组山 2^3 亚段泥页岩地球化学特征与沉积环境［J］. 天然气地球科学，34（2）：181-193.